Zur Morphologie des Berner Jura

von

Prof. Dr. **P. Schlee**

Mit 2 Textfiguren sowie 31 Original-Abbildungen
und 3 Karten auf 20 Tafeln

Sonderabdruck aus Mitteilungen der Geographischen Gesellschaft
in Hamburg Band XXVII

Ubique terrarum

Hamburg
L. Friederichsen & Co.
(Dr. L. & R. Friederichsen)
1913

Im Jahre 1800 kam Leopold von Buch in das damals mit Preußen verbundene Fürstentum Neuchatel, um es nach dem Wunsche des Ministers v. Heinitz auf die Nutzbarkeit seiner Gesteine zu untersuchen. Über mehr als anderthalb Jahre erstreckten sich die Studien des jungen, später so berühmten Geologen, der dann das Ergebnis in mehreren Abhandlungen veröffentlichte. Von da ab kann man etwa die Zeit rechnen, in der entsprechend dem Emporblühen der geologischen Wissenschaft auch der Schweizer Jura eine eingehendere Durchforschung erfuhr. In dem seitdem verflossenen Jahrhundert haben hier eine große Anzahl von Geologen, ganz vorwiegend natürlich Schweizer und Franzosen, gearbeitet. Der merkwürdige Bau dieses Erdrindenstückes wurde bekannt, und abgesehen von den Alpen hat kein Gebirge einen ebenso gewichtigen Einfluß auf die wechselnden Anschauungen über den Bau und die Entstehung von Faltengebirgen geübt. Während jedoch die Erforschung der Alpen je länger je mehr gezeigt hat, daß wir es hier mit einem ungeheuer kompliziert gebauten Gebirge zu tun haben, in dem die Stücke der Erdkruste in einer früher ungeahnten und auch heute noch keineswegs geklärten Weise übereinandergeschoben und durcheinandergeknetet sind,[1]) liegt der viel einfachere Bau des Jura in seinen Grundzügen seit langem klar vor unseren Augen. Deshalb ist er das Parade- und Schulbeispiel für Faltengebirge geworden.

Seit der Auffaltung haben aber Verwitterung und rinnendes Wasser schon tüchtig an der Abtragung gearbeitet, und infolge der Wechsellagerung von Kalken, Mergeln und Tonen, also von schwerer und leichter zerstörbaren Schichten, ist dabei ein recht mannigfaltiges Relief entstanden. Darum bietet der Schweizer Jura auch für den Morphologen ein Musterbeispiel für die Abtragungsformen im Faltengebirge.

---

[1]) Eine sehr gute Orientierung gibt u. a.: G. Steinmann, Geologische Probleme des Alpengebirgs, Zeitschr. d. D. u. Ö. Alpenvereins Bd. XXXVII, 1906, und ausführlicher: C. Schmidt, Bild und Bau der Schweizeralpen, Basel 1907.

Kein Abschnitt des bei aller Einfachheit doch in seinen einzelnen Teilen recht verschieden struierten und modellierten Gebirges ist aber so geeignet, Interesse und Bewunderung zu erregen, als das südlich der Rheintalebene gelegene Stück, d. i. der Berner und z. T. der Solothurner Jura. Deutlich unterscheidet sich dieser Jurateil z. B. auch von den unmittelbar angrenzenden. Denn die Gewölbe der Juraformation sind viel vollständiger in ihrer ursprünglichen Form erhalten als in den westlich anstoßenden Freibergen, wo die Falten zu einer Fläche mit geringen Niveauunterschieden abgetragen sind; und andererseits sind im Berner Jura die Gewölbe, die vielfach fast symmetrischen Bau zeigen, viel schöner einzeln gestellt und durch weite Mulden und die ihnen entsprechenden Längstäler getrennt als in dem östlich anschließenden Abschnitt in der Umgebung der Passwangkette, wo die Falten größtenteils eng zusammengestaucht und überschoben sind.[1]) Vor allem ist aber hier so schön wie nirgends sonst in diesem Gebirge durch zahlreiche enge Quertäler, die die Bergrücken glatt durchschneiden, der innere Bau der Ketten bloßgelegt. Alles in allem: Dieser Teil des Jura hat als Kettengebirge mit durchsichtigem einfachen Faltenbau und interessanter Oberflächengestaltung auf der Erde — soweit sie geologisch einigermaßen bekannt ist — noch nicht seinesgleichen gefunden.

Morphologische Betrachtungen, die gründlicher auf die Einzelformen eingehen und andererseits sichergegründete allgemeine Ergebnisse ableiten wollen, bedürfen vor allem als Unterlage genauer topographischer und geologischer Karten. Diese Vorbedingungen sind für den Berner Jura in vorzüglicher Weise erfüllt. Die topographische Unterlage bilden die ausgezeichneten Blätter der Schweizer Landesaufnahme 1 : 25000 („Siegfried-Atlas") und als Übersichtsblatt die Dufour-Karte 1 : 100000 (Bl. VII). In geologischer Beziehung gehört der Berner Jura zu den am besten bekannten Abschnitten des Gebirgs. Auf den Schultern tüchtiger Vorgänger stehend, die vor ihm Stratigraphie und Tektonik eingehend studiert haben, hat insbesondere der Berner Geologe Rollier viele Jahre unermüdlicher Arbeit an eine geologische Aufnahme des Gebietes gewandt, und das Ergebnis

[1]) G. Steinmann hat darauf hingewiesen, daß der besondere Bau des Berner Jura auch in ursächlicher Beziehung zum Graben der Oberrheinischen Tiefebene zu stehen scheine, indem dieser sich als Senkung des Untergrundes der Ketten durch den Jura quer hindurch fortsetze (Bemerkungen über die tektonischen Beziehungen der Oberrheinischen Tiefebene zu dem nordschweizerischen Kettenjura. Ber. der Naturf. Ges. Freiburg i. B. VI. Bd. 1892).

liegt in mehreren umfangreichen wertvollen Abhandlungen[1]) und in einer Reihe von geologischen Karten[2]) vor, die mit den Karten des Siegfried-Atlas als Grundlage den Bau des Gebirges im Maßstabe 1:25 000 in vorzüglicher Weise zur Darstellung bringen. Als geologische Übersichtskarte kann die — das Forschungsgebiet anderer Schweizer Geologen mitumfassende — schöne geologische Ausgabe der Dufour-Karte dienen (Geolog. Karte der Schweiz in 1 : 100 000, Bl. VII).

Von dem Hauptteil des Berner Jura, von dem Stück, das uns im Folgendem besonders interessieren soll, gibt es zudem ein nach Rolliers Karten von der Meisterhand Albert Heims gefertigtes geologisch koloriertes Relief, ein prachtvolles Anschauungsmittel zum Studium der Oberflächenformen und ihres Zusammenhanges mit dem geologischen Bau. Wer den Berner Jura durchreist, dem ist zu raten, sich dabei das im Solothurner Museum befindliche Exemplar dieses Reliefs anzusehen.

Doch dieses verkleinerte körperliche Abbild der Natur ist ebenso wie das große natürliche Urbild nur wenigen leicht zugänglich. Und Wort und Karte vor allem bedürfen der Ergänzung durch getreue Abbildungen. Es ist mir schon lange merkwürdig erschienen, daß aus diesem klassischen Gebiet so außerordentlich wenige veröffentlich sind.[3]) Daher habe ich es für eine dankbare Aufgabe gehalten, durch eine sorgfältig und methodisch zusammengebrachte Folge von photographischen Aufnahmen Geographen und Geologen das Gebiet anschaulich so nahe zu bringen, wie es ohne Selbstschauen und eigenes Hinstreifen über die Höhenzüge und durch die Schluchten dieses schönen Erdstrichs möglich ist. Aber auch dem, der das Gebiet kennen gelernt hat, hoffe ich eine willkommene Erinnerung und wohl auch eine Ergänzung zu Selbstgesehenem zu bieten.

---

[1]) Matériaux pour la carte géologique de la Suisse,

a. VIII. Livraison, 1. Supplément, L. Rollier, Structure et Histoire Géologiques de la partie du Jura central etc. Berne 1893.

b. 2. Suppl. à la description géologique de la partie jurassienne de la feuille VII, Berne 1898.

c. 3. Suppl. à la description etc., Berne 1910.

[2]) Carte tectonique des environs de Moutier en 1 : 25 000, 1901. Diese, 4 Blätter des Siegfried-Atlas umfassende Karte begreift im wesentlichen das im Folgenden besprochene Gebiet in sich. Es schließen sich daran an: Im Norden: Carte géologique des environs de Delémont, 1904, im Westen: Carte tectonique des environs de Bellelay, 1901, im Osten: Carte tectonique d'Envelier et du Weißenstein, 1904, und Carte géologique de la Hohe-Winde (letztere Tafel im 2. Suppl.).

[3]) U. a. gibt Rollier eine Tafel mit einigen Reproduktionen in Matériaux etc., 1. Suppl.

Man könnte denken, es sei zweckmäßiger gewesen, typische morphologische Beispiele aus dem gesamten Jura zusammenzusuchen.[1]) Ich glaube das nicht. Wie ich es für mich selbst für besser und lehrreicher gehalten habe, mich mit Spezialstudien — soweit mir überhaupt Zeit dazu zur Verfügung stand[2]) — auf einen begrenzten Teil des Jura zu beschränken, auf andere nur flüchtigere Besuche zu verwenden, so glaube ich auch meinem Leser durch eine genauere Einführung in ein kleines Gebiet besser zu dienen. Es wird sich, denke ich, zeigen, daß sich dort schon auf ganz beschränktem Raum eine Fülle von Anschauungen und Anregungen hinsichtlich zahlreicher Probleme der Tektonik und Morphologie darbieten.

Bei dieser Beschränkung auf ein kleines Gebiet hat sich auch ein neuer Versuch in didaktischer Hinsicht machen lassen. Es werden nicht einzelne, zusammenhangslose Landschaftsbilder vorgeführt, die ohne erkennbare örtliche Beziehung zu einander in der Anschauung schweben. Vielmehr sind sie zu einer Wanderung durch das Gebirge von Süden nach Norden zusammengeordnet, derart, daß durchweg der zurückzulegende Weg und die Punkte für neue Ausblicke auf den vorhergehenden Ansichten zu sehen sind und somit die Bilderfolge eine zusammenhängende Übersicht über die ganze Landschaft gibt. Auf einer orographischen Karte (Taf. 21), einem Ausschnitt der Dufourkarte 1 : 100000, sind die Standpunkte bei den photographischen Aufnahmen angegeben mit den Nummern, die die Abbildungen auf den Tafeln tragen. Nur zwei Standpunkte, am Anfang und gegen Schluß unserer Wanderung (Abb. 1 und 25), liegen außerhalb des Rahmens der Karte. Es wird sich empfehlen, zugleich auch die geologische Übersichtskarte auf Tafel 20 zu Rate zu ziehen. Sie ist so eingeheftet, daß sie ebenso wie die orographische Karte herausgeschlagen und, zugleich mit dieser neben dem Buche liegend, mit dem Text und den Abbildungen verglichen werden kann.

Nach dem Vorhergehenden ist es klar, daß diese kleine Abhandlung in erster Linie den didaktischen Zweck hat, zur Verbreitung der Kenntnis dieses lehrreichen Gebiets beizutragen[3]). Und deshalb sollen

[1]) Hier sei erwähnt, daß Fr. Machaček eine gründliche und ausführliche Übersicht über die Morphologie des ganzen Gebirges veröffentlicht hat: Der Schweizer Jura, Versuch einer geomorphologischen Monographie. Erg. Heft 150 zu Peterm. Mitteilgen. Gotha 1905.

[2]) Im ganzen habe ich mich auf 6 Ferienreisen längere oder kürzere Zeit im Jura aufgehalten.

[3]) Mit Rücksicht auf diesen Zweck darf ich hier bemerken, daß das Optische Institut A. Krüß in Hamburg die Bilder und Karten als Lichtbilder liefert.

im folgenden zunächst nähere Erläuterungen zu den auf den Tafeln befindlichen Ansichten gegeben und kürzere Erörterungen daran geknüpft werden. Im zweiten Teil werde ich dann einigen besonders wichtigen morphologischen Problemen eine etwas ausgedehntere Betrachtung widmen und Stellung zu ihnen nehmen, indem ich hoffe, damit auch einen kleinen Beitrag zur Klärung strittiger Fragen zu liefern.

Und nun bitte ich den Leser, mir auf der Wanderung durch den Berner Jura zu folgen.

Unser Weg soll uns von Südosten her in den Jura hineinführen. Die Grenze des Gebirges ist hier eine außerordentlich scharfe, wie uns die Aussicht von dem Dorfe Büren zeigt (**Abb. 1**). Wir stehen hier auf den letzten Anhöhen des Schweizer Hügellandes. Jenseits des breiten Stromtals der Aare, deren blinkende Windungen wir erkennen, erhebt sich jäh die Wand der nächsten Jurakette, mit dunklem Wald, auch helleren Matten und steileren kahlen Felshängen. Der spitze Berg rechts ist die 1447 m hohe Hasenmatt, die höchste Erhebung des Jura in dem nordöstlich von Biel liegenden Endabschnitt. Nach dem jenseits des rechten Bildrandes liegenden Weißenstein heißt die Kette hier die Weißensteinkette, während der westlich anschließende Teil schon auf der linken Bildhälfte den Namen Montoz führt. Darnach nennen wir den ganzen Kettenzug die Montoz-Weißensteinkette. Sie ist immerhin reicher gegliedert als es wohl vorher aus größerer Ferne für uns den Anschein gehabt haben mag. Besonders fallen uns links von der Hasenmatt zwei große, tief ausgearbeitete Nischen auf, in deren Hintergrund sich hellgraue Felswände zeigen.

Ohne uns um den Verlauf dieser etwa 130 km langen Kette weiter zu kümmern, wollen wir nun geradeswegs hinaufsteigen, um einen Einblick in die dahinter liegenden Teile des Jura zu gewinnen. Zwar würde uns die Hasenmatt die umfassendste Aussicht bieten, für unsere Zwecke paßt es uns aber besser, weiter westlich, etwa von dem in der Bildmitte gelegenen großen Dorfe Grenchen, zur Höhe le Buement (1406 m) hinaufzusteigen. Wir hätten schon auf diesem Wege reichlich Gelegenheit zu Beobachtungen über die Gesteinsbeschaffenheit, den geologischen Bau und die Morphologie dieser Kette — so fällt uns insbesondere auf, daß der Kamm nicht einheitlich ist, sondern daß sich im Grunde drei einander parallele, vielfach unterbrochene Kammlinien unterscheiden lassen —, doch dient unser Marsch bis hierher nur dem Anschluß an das Schweizer

Hügelland und damit der topographischen Orientierung. Erst mit dem Erreichen von le Buement, das auf der letzten der drei Kammlinien liegt (auf Abb. 1 ein wenig verdeckt), soll eine genauere Analyse des Landschaftsbildes beginnen. Dicht unter dem bewaldeten Grate finden wir am nordwestlichen Abhange eine Blöße, die uns eine treffliche und lehrreiche Aussicht nach Nordwesten eröffnet (**Abb. 2**).

Wir sehen hier, wie hinter der erstiegenen ersten Jurakette eine ganze Reihe anderer wie die Wellenzüge eines Meeres folgen. Sie alle streichen von WSW nach ENE und werden von einander durch langgestreckte Längstäler getrennt. So liegt zunächst zu unseren Füßen das Tal von Tavannes, das nach einem Orte weiter im Westen so genannt wird, und in dem vorn besonders deutlich das Dorf Court auffällt. Rechts hinter diesem erhebt sich die Graiterykette, die von der „Klus“ von Court durchschnitten wird. Klusen heißen diese engen felsigen Quertäler des Jura, die wir noch näher kennen lernen werden. Links dahinter folgt der Moron, dessen höchster Punkt mit 1340 m Meereshöhe sich etwa im Niveau unseres Standpunktes befindet. Alles andere liegt unter unserem Horizont. Denn die südlichste Kette ist die höchste, und nach Norden zu nimmt die Höhe der Ketten allmählich ab. Hinter dem Moron folgt, besonders deutlich im rechten Teil des Bildes, das Längstal von Münster (Moutier), dahinter erhebt sich der Münsterberg bis 1158 m. Er bildet mit dem rechts anschließenden — auf dem Bilde nicht sichtbaren — Raimeux die Raimeuxkette. Von der nun folgenden Velleratkette ragen nur die höchsten Teile über den Münsterberg hinweg, in der Bildmitte gerade über dem Eingang der Klus von Court. Raimeux- und Velleratkette sind, wie wir nachher sehen werden, an dieser Stelle ihres Verlaufs dicht geschart, und erst hinter der letzteren folgt wieder ein weiteres Tal, und zwar das ganz besonders breite Becken von Delsberg (Delémont). Die Höhen ganz im Hintergrunde, die von unserem Standpunkt 20—25 Kilometer entfernt sind, bilden die westliche und nördliche Umrahmung dieses Beckens. Insbesondere ist ganz rechts das Westende der Rangiers-Kette (954 m) zu sehen.

Auf der von uns geplanten Wanderung wollen wir diese vor uns liegenden Täler und Ketten bis zum Becken von Delsberg kreuzen (indem wir uns allerdings dabei von der Klus von Court an etwas östlicher halten).

Unser Bild zeigt uns aufs deutlichste einen auffallenden Gegensatz zwischen der vor uns liegenden Talmulde und den nächsten

Ketten. Aus der mit Feldern und Matten bedeckten Talwanne, die nach beiden Längsseiten hin sanft ansteigt, erheben sich mit scharfem Absatz steile, waldbewachsene, felsige Hänge. Am Waldrand stehen wir an der Grenze zweier Formationen: Der Boden der Talmulden wird — abgesehen von vielfach darüberlagernden wenig mächtigen Quartärschichten — von meist tonigem und sandigem Tertiär gebildet, während die Ketten aus den härteren Kalken der Juraformation zusammengesetzt sind. Das sind die beiden einzigen Formationen, die in unserem Gebiet einen wesentlichen Anteil an der Zusammensetzung des Bodens nehmen.

Wir schließen hier am besten gleich die wenigen stratigraphischen Bemerkungen an, die für unsere Zwecke unerläßlich sind. Wie eben schon angedeutet, treten ältere Schichten als die Juraformation in unserem Gebiete nicht zu Tage, wenn wir von einem Fetzen tonigen Keupers absehen, der bei Roche entblößt ist. Alle drei Abteilungen der Juraformation, Lias, Dogger und Malm, sind in marinen Sedimenten vollständig entwickelt. An der gesamten, etwa 600 m mächtigen Schichtenfolge hat der Lias den geringsten, der Malm den größten Anteil. Wir übergehen Einzelheiten der Gliederung, nur die Tatsache, daß ein wiederholter Wechsel in der Gesteinsbeschaffenheit vorhanden ist, erheischt unser besonderes Interesse, da der geringere oder größere Widerstand, den die Schichten der Abtragung entgegensetzen, von der größten Bedeutung für die Ausbildung des Reliefs gewesen ist. Während der Lias aus weichen, tonigen und mergeligen Sedimenten besteht, wird die Hauptmasse des Dogger aus widerstandsfähigeren Kalksteinen gebildet (dem sog. Hauptrogenstein). Die ältesten und die jüngsten Schichten des Dogger sind mergelig. Bei dem darüber folgenden Malm haben wir nun einen auffälligen Gegensatz zwischen den als Oxford bezeichneten ältesten Formationsgliede, das von Tonen und Mergeln gebildet wird, und der Hauptmasse des Malm, die großenteils aus Kalkstein besteht. Die Unterabteilungen, von denen die eine und andere einmal zu erwähnen sein wird, führen die Namen Rauracien[1]) (resp. Argovien), Sequan, Kimmeridge und Portland. Merken wir uns nun das folgende einfache Schema:

[1]) In der Montozkette ist nicht nur der Oxford (der hier viel geringere Mächtigkeit besitzt) mergelig, sondern auch die nächstjüngere Stufe des Malm, das „Argovien" (gleichaltrig mit dem kalkigen „Rauracien" der nördlichen Ketten). Ich habe daher auf dieser südlichsten Kette das im Relief für den Oxford eintretende Argovien mit in die dunkelblaue Farbe einbezogen und damit freilich aus morphologischen Rücksichten einen Verstoß gegen die Regeln der stratigraphischen Dar-

Malm	b. Malmkalk	. . . .	hart
	a. Oxford	. . . . .	weich
Dogger		. . . .	hart
Lias		. . . .	weich

so haben wir uns eine wichtige Grundlage für das Verständnis der Formen zu eigen gemacht.

Die auf den Jura im Alter folgende Kreideformation fehlt in unserem Gebiete ganz, während sie weiter südwestlich, etwa von der Gegend von Biel ab, allmählich einen beträchtlichen Anteil an der Zusammensetzung des Gebirges gewinnt. Wahrscheinlich ist sie in geringerer Mächtigkeit im Berner Jura abgelagert, aber dann nach Rückgang des Meeres durch spätkretazeische und frühtertiäre Abtragung wieder zerstört worden. Die tertiären Ablagerungen beginnen mit verhältnismäßig unbedeutenden eozänen Landbildungen, denen die oligozäne und miozäne Süßwasser- und Meeresmolasse folgt.

Wir kehren nun zur Aussicht von le Buement zurück. An dem vor uns liegenden schönen Durchschnitt durch die Graiterykette, in dem übrigens keine älteren Schichten als Malm zu Tage treten, sehen wir ferner, wie die Kalke des Jura sich in gewaltigem Bogen herumschwingen. Ähnliche Bilder werden uns die nördlicheren Bergzüge zeigen. Wir haben es also mit einer intensiven Faltung zu tun, und die Ketten entsprechen den Gewölben oder Antiklinalen, die Täler den Mulden oder Synklinalen des Faltenwurfs. Man könnte meinen, daß das Tertiär die Täler erst nach dieser Faltung angefüllt hätte. Das ist nicht richtig, denn seine Schichten liegen in den Tälern nicht horizontal. Es ist mit aufgerichtet, es greift auch überall in die höherliegenden Senken, zwischen die Ketten hinein, kurz es hat an der Hauptfaltung teilgenommen. Diese hat nach seiner Ablagerung stattgefunden und zwar im Pliozän, und die Beschränkung des Tertiärs auf die Mulden erklärt sich größtenteils daraus, daß dieser weichere Gesteinsmantel von den Gewölben durch die geologische Abtragung entfernt ist.

Wenn nun eine so beträchtliche Hülle von Sedimenten abgetragen ist, so ist es um so auffallender, daß die Juragewölbe zum Teil, wie unser Beispiel zeigt, so verhältnismäßig unversehrt und unzerschnitten geblieben sind. Das liegt daran, daß die Oberflächenerosion nach

stellung gemacht. Auch in der Klus von Court zeigt übrigens der Horizont nur im unteren Teile Kalk und besitzt im übrigen noch die mergelige Argovien-Fazies; ich habe ihm aber hier doch die hellblaue Farbe gegeben, um in den von uns näher betrachteten Ketten die Farbenbedeutung einheitlich zu gestalten.

Abspülung der meist undurchlässigen Tertiärschichten und Bloßlegung der durchlässigen Kalke aufgehört hat in dem großen Maße zu wirken als bisher. Die Ketten sind oberflächlich trocken, die Quellen kommen meist erst an ihrem Fuße heraus, und wo sich Rinnsale innerhalb der Ketten selbst finden, sind sie an tonige Schichten gebunden. Auch nach starken Regengüssen sieht man kaum etwas von oberflächlich abfließendem Regenwasser und von Schuttransport. Nicht zu vergessen ist aber, daß das in den Quellen so klar herauskommende Wasser Jahr für Jahr in gelöster Form eine ungeheure Menge von Kalk aus den Ketten herausführt. Da das einsickernde kohlensäurehaltige Regen- und Schneewasser zunächst auf und in den Oberflächenschichten mehr flächenhaft wirkt, wird das wohl, insbesondere auf den Bergrücken, eine mehr flächenhaft wirkende Abtragung zur Folge haben. Jedenfalls ist der Eigenart des Jura als eines Kalkgebirges bei Betrachtung seiner Oberflächenformen große Bedeutung beizulegen.

Prachtvoll ist auf dem Bilde zu sehen, wie das nach links absinkende Gewölbe der Graiterykette unter das Tertiär des Tales untertaucht. Statt ihrer steigt dafür der Moron auf. Wir haben hier ein gutes Beispiel für das Auswechseln zweier Gewölbe. Der Betrag des Erdkrustenzusammenschubes, der der einen Kette entsprochen hatte, wird von der anderen aufgenommen.

Höchst merkwürdig ist es, daß die im Längstal von Tavannes von Westen her herabfließende Birs hier plötzlich sich links wendet, um den Berg zu durchbrechen. Warum fließt sie nicht um das Ende des untertauchenden Graitery herum und hat sich dort einen Weg gesucht, wo der Sattel zwischen Graitery und Moron nur 855 m über dem Meere liegt? Weshalb dicht daneben, wo sich nun die Felsen über der Klus im Westen bis zu 1037 m und auf der Ostseite bis zu 1183 m erheben, so daß man dem Scheitel des Kalkgewölbes über der Mittellinie der Schlucht rund 1100 m Meereshöhe geben könnte? Eine schwierige Frage! Doch über dieses Problem, wie die Klusen entstanden sein mögen, wird erst am Schluß der Abhandlung einiges zu sagen sein, nachdem wir auch die folgenden Quertäler kennen gelernt haben. Hier interessiert es uns zunächst, daß unsere Ansicht die beiden Arten von Tälern, Längs- und Quertäler, und ihren schroffen Gegensatz in vorzüglicher Weise veranschaulicht. Und den beiden Beispielen, dem Längstal von Tavannes und der Klus von Court, wollen wir noch ein wenig unsere Aufmerksamkeit widmen.

Wir steigen hinunter, Court rechts liegen lassend, zu den Baum und Busch tragenden Matten, die am linken Bildrande über dem dunkeln Walde des Vordergrundes sichtbar sind. Von dort wenden wir den Blick rückwärts nach Osten das Tal entlang (**Abb. 3**). Zur Rechten haben wir nun die Montozkette, und der helle Fleck am höchsten sichtbaren Gipfel (le Buement) am rechten Bildrande ist die eben von uns verlassene Matte. Links erblicken wir die Graiterykette und gerade hinter dem Orte Court den Eingang in die Klus von Court, bei dem ein paar helle Steinbrüche im Malmkalk auffallen. Bis zur Klus senkt sich der Boden unseres Längstales (bis 660 m); das folgende Längstalstück steigt aber wieder bedeutend an, entwässert durch einen der Birs zufließenden Bach.

In diesem Talabschnitt erkennt man fast mitten im Tal einen bewaldeten Hügel mit hellen Felswänden. Es ist oberer Jura, der sich, rings von Tertiär umgeben, in einem schmalen Streifen fast 2 km weit das Tal entlang erstreckt. Wie kommt diese Felsmasse mitten in das große Längstal hinein? Die verschiedenen Deutungen geben ein Beispiel dafür, daß — so sicher der Bau des zentralen Jura in den großen Zügen festgelegt ist — doch selbst in diesem so vorzüglich durchforschten Gebirge noch manche Einzelheit der Klärung harrt. Denn während Buxtorf und Baumberger diese Kalkmasse für eine von der Graiterykette nach Süden abgerutschte, also von dem Tertiär des Tales unterlagerte Scholle ansehen,[1]) verteidigt Rollier ihnen gegenüber seine früher ausgesprochene Meinung, daß der Malm anstehe, also als ein sekundäres Gewölbe aus dem Untergrunde heraustrete, so daß die Mulde des großen Tales der Länge nach in zwei Teilmulden zerlegt werde.[2]) Der im Bau begriffene Tunnel, der — um die kürzeste Verbindung von Nordostfrankreich und Basel nach Bern zu schaffen — zwischen Münster und Grenchen die beiden unser Tal flankierenden Ketten durchbricht, wird gerade unter diesem Juraklotz hergehen (etwa 200 m unter dem Talboden) und somit die Frage auf das sicherste entscheiden.

Wenn wir nun dieses auffällige Gebilde nicht unbeachtet lassen wollten, so interessiert uns doch mehr der weitere Verlauf des Tales selbst. Denn von einem Höhenkranz, den wir vielleicht als Talschluß erwarten, ist nichts zu sehen. Wandern wir nun hinauf zu dem V-förmigen Talschnitt im Hintergrunde unseres Bildes, so werden wir gewahr, daß wir dort bei den Höfen von Binz auf einer Talwasserscheide (1020 m) stehen, denn nach Osten öffnet sich der Aus-

---

[1]) E. Baumberger und A. Buxtorf, Geologisches Gutachten über einige den Bau eines Basistunnels Münster-Grenchen betreffende Fragen, Büren a. A. 1908.

[2]) Rollier, Matériaux etc., 3. Suppl. S. 216.

blick in einen zweiten, wieder absinkenden Abschnitt unseres Längstales (**Abb. 4**). Doch ist auch er nicht hydrographisch einheitlich. Denn das Wasser, das von den Quellen in der Rinne des Vordergrundes talabwärts fließt, gelangt nur 3 km weit und wird dann schon durch die links im Bilde sichtbare Klus von Gänsbrunnen ins Münstertal hinausgeführt. Nur 500 Meter jenseits der Klus liegt aber bei St. Joseph schon die neue Talwasserscheide, und es beginnt das lange Tal des Dünnernbaches, von dem deutlich nur der obere Abschnitt mit der leuchtenden Landstraße zu sehen ist, während jenseits einer Stufe der viel längere und bedeutendere untere Abschnitt im Dunst verschwimmt. Durch die Klus von Oensingen wird der Dünnern nach Süden ins Aaretal geführt.

So zerfällt das im ganzen etwa 55 km lange Tal, das im Osten und Westen schließlich sein Ende durch vollständiges Zusammentreten zweier Ketten findet, in drei Abschnitte mit zwei Talwasserscheiden dazwischen.

Merkwürdig ist, daß die Wasserscheide von St. Joseph so niedrig ist und so dicht bei der Klus von Gänsbrunnen liegt. Von unserem Standpunkt aus macht ja daher das ganze Tal den Eindruck der Einheitlichkeit. Es ist mehrfach die Ansicht vertreten worden, daß die Klus von Gänsbrunnen, in der ein beträchtliches Gefälle herrscht, von Norden her durch rückschreitende Erosion bis zu unserem Tal durchgenagt worden sei und dem Dünnern den obersten Teil seines Laufes abgenommen habe (siehe jedoch S. 117—118.)

Aufs schönste zeigt uns schließlich das Bild, daß das Tal einer tektonischen Mulde entspricht. Gegenüber der Klus von Gänsbrunnen befindet sich auch in der Montoz-Weißensteinkette ein Einschnitt, der Rüschgraben, und so sieht man auf beiden Seiten die Kalkgewölbe in prachtvollem Schwung zur Talsohle herabkommen.

Über die Klus von Court, die wir jetzt besuchen wollen, können wir uns kürzer fassen. Wir gehen zuerst zum Südeingang bei Court (**Abb. 5**) und sehen Fluß, Straße und Eisenbahn in den Engpaß eintreten. Im Hintergrunde beginnt der Bahntunnel, durch den die Kalkwände am Kluseingang durchbrochen werden, und zwar zunächst mit einer Übermaueruug der Strecke. Gehen wir bis dahin vor, so sehen wir insbesondere auf der linken Talseite die Kalkschichten prächtig emporsteigen, und alsbald weitet sich nun vor uns der Talgrund mit weniger steilen, bewaldeten Böschungen zu beiden Seiten, während darüber die Kalkgewölbe weit zurücktretend in mächtigem Bogen herumschwingen und wieder zum Nordausgang hinuntersteigen.

Unter dem Kalk liegen also weniger widerstandsfähige Schichten, und in diese ist der innere Teil der Klus eingeschnitten. Es sind Mergel des unteren Malm (Argovien und darunter Oxford), die leicht fortgeräumt werden. Die weitere Folge ist, daß die Felswand der darauflastenden Kalke durch Abbruch zurückgelegt wird. Die so entstehende amphitheatralische Form ist typisch für die Juraklusen, die Klus von Court ist jedoch eines der großartigsten Beispiele.

Auf dem folgenden Bilde (**Abb. 6**) sind wir an den Nordausgang gelangt, wo die Eisenbahn, die die ganze innere Klus auf offener Strecke durchmessen hat, wieder durch einen Tunnel hinausgeführt wird.

Doch nun hinauf auf die höchste Felsenkanzel auf der Westseite der Klus (Punkt 1037 der Karte)! Auf bequemem Wege können wir dorthin gelangen, wenn wir zunächst nach Court zurückkehren und dann von außen die westliche Walmseite des Graiterygewölbes hinaufsteigen. Aus dem Walde von Montgirod heraustretend, stehen wir plötzlich vor dem gewaltigen Abgrund und haben ein großartiges Landschaftsbild vor uns (**Abb. 7**). 400 Meter unter uns liegt die Klus, die wir soeben verlassen haben. (Auch das Bahnwärterhäuschen ist zu erkennen, bei dem das vorige Bild aufgenommen ist.) Wir sehen nach Nordosten hinaus in das Tal von Münster, und hell liegt dieser Ort selbst in der Sonne vor uns. Hinter Münster ist wieder der Berg durch eine Klus geöffnet, geradeso als ob mit dem Messer ein keilförmiges Stück herausgeschnitten wäre. Denn wunderbarerweise folgt die Birs gar nicht diesem Längstal, in das sie durch die Klus von Court gelangt ist, durchquert es vielmehr in etwas schräger Richtung, um die nächsten Ketten in neuen Klusen zu durchbrechen. Das Tal von Münster ist übrigens auch nur ein Mittelstück eines viel längeren, in mehrere Abschnitte zerlegten Längstales. Denn $7^1/_2$ km westlich vom 525 m hoch gelegenen Eingang der Klus von Münster liegt eine Talwasserscheide in 920 m Höhe, 8 km östlich eine andere 800 m ü. M.

Im Gewölbe der Klus von Münster sind genau dieselben Schichten des oberen Jura durchschnitten worden, wie in der Klus von Court. Nur ist hier viel deutlicher eine konzentrische Doppelung des Gewölbes zu erkennen, weil im Kern eine zweite harte Kalkstufe stärker entwickelt ist[1]) infolge des Faziewechsels zwischen Argovien und Rauracien. Die große helle Fläche am Eingang ist die vegetationslose Oberfläche der äußeren, oberen Schicht, die im Gewölbescheitel zerstört ist. So

[1]) Die äußere ist Kimmeridge, die innere Rauracien, die mergelige Zwischenlage Sequan. Im Kern des Gewölbes tritt der Oxford zu Tage.

sehen wir auch weiterhin östlich an der Raimeuxkette entlang überall die Kalkflächen hervortreten, großenteils Reste der äußeren Gewölbeschichten, die oben auf dem Raimeux abgetragen sind.

Ferner ist zu beachten, daß das in der Klus durchschnittene Gewölbe der „Basse Montagne de Moutier“ nur eine Abzweigung der Raimeuxkette ist, ein Zweiggewölbe, das sich im höchsten Teil des Raimeux an das Hauptgewölbe anlegt. Nach Westen sinkt es ähnlich der Graiterykette rasch ab und wird einen guten Kilometer westlich der Klus von den Tertiärschichten des Tales schon vollständig eingehüllt. Jedes Gewölbe muß ja irgendwo ein Ende finden (ebenso auch jede Mulde). Auf unserem Bilde sind die beiden für den Jura wichtigen Arten gleichzeitig veranschaulicht: Untertauchen und Zusammenwachsen mit einem anderen Gewölbe.

Hinter dem Westende des untertauchenden Gewölbes sehen wir die Depression, in der die Birs zwischen den beiden Teilen der Raimeuxkette, dem eigentlichen Raimeux rechts und dem Münsterberg links, ihren Weg nach Norden nimmt. Der runde Buckel dahinter gehört der Velleratkette an, und der Durchblick wird jenseits des Beckens von Delsberg durch die Rangierskette abgeschlossen. Wir wollen jetzt unsere Studien in den vor uns liegenden Ketten fortsetzen und begeben uns zunächst zum Eingang der Klus von Münster (**Abb. 8**).

Wenn diese auch kleinere Dimensionen besitzt als die Klus von Court, so ist der Eindruck doch kaum weniger großartig, besonders da der Eingang nicht gewunden ist, sondern gerade durch die senkrecht aufstrebenden Kalkwände hindurchschneidet und man in der auch weiterhin geradlinigen Schlucht die Gewölbe auf beiden Seiten von einem bis zum anderen Ende überschauen kann. Auch sind die Abhänge noch steiler wie bei Court, da — wie vorhin schon berührt — im mittleren Teil des Hanges Mergel großenteils durch gleichaltrige widerstandsfähigere Kalke ersetzt sind.

Vorzüglich zeigt sich am Eingang die verschiedene Widerstandsfähigkeit der Gesteine darin, daß die weicheren tonigen Schichten durch die Verwitterung herausgelöst sind zwischen den Kalkplatten, die von der Eisenbahnlinie in einer Reihe kurzer Tunnel durchbrochen werden. Es ist klar, daß eine so weitgehende Herauspräparierung nur bei senkrechter Schichtstellung möglich ist. Oben im Gewölbescheitel, wo die weichen Schichten flach zwischen den härteren liegen, ist es nicht der Fall, wie die folgenden Bilder zeigen.

Nach diesem Blick in die Klus steigen wir links hinauf auf den höchsten Punkt (831 m) über der westlichen Kluswand (**Abb. 9**).

Gegenüber sehen wir den oberen Teil des Klusgewölbes in anderer perspektivischer Ansicht als von Montgirod (Abb. 7). Deutlicher tritt die scharfe Umbiegung im nach Norden übergelegten Scheitel hervor, und bemerkenswert ist, daß das äußere Kalkgewölbe (Kimmeridge) an dieser Stelle großenteils durchgenagt ist.

Das Bild führt uns aber zugleich weiter nach Norden. Wir sehen, wie der harte Kalk des nördlichen Schenkels jenseits einer nach links unten streichenden Mulde wieder aufsteigt, so steil, daß der Wald nicht auf den Schichtplatten haftet. Doch die Schichten sind oben in einem Grate abgeschnitten, und im Hintergrunde des Bildes sehen wir einen zweiten Kalkgrat als Spiegelbild des ersten. Das Gewölbe dazwischen aber ist zerstört. Die beiden Kalkplatten bilden den Süd- und den Nordschenkel des zerstörten Malmgewölbes der Raimeuxkette, die wir nachher noch näher studieren werden.

Wir springen jetzt über die Klus hinüber auf den höchsten Punkt der jenseitigen Wand (966 m), um zunächst einen Rückblick zu tun (**Abb. 10**). Im Vordergrunde sehen wir jetzt die Westwand der Klus von Münster, oben unseren soeben verlassenen Standpunkt. Sehr zierlich nehmen sich von hier aus links tief unten die mächtigen Kalkplatten aus, die denen entsprechen, die wir vorher aus der Nähe am Eingang der Klus auf der anderen, östlichen Seite bewundert haben. Hinter dem Münstertal und Münster, das infolge der Windstille im Dunst des Fabrik- und Lokomotivrauchs liegt, sehen wir rechts den Moron, der nach dem Vordergrunde des Bildes zu untertaucht, links den dafür auftauchenden Graitery, der durchschnitten wird von der Klus von Court, vor deren Eingang eine Glasfabrik einen Rauchschleier gezogen hat. Ganz im Hintergrunde erscheint jenseits des Tales von Tavannes die Montozkette.

Nach diesem Rückblick wenden wir das Auge mehr nach rechts in die Tiefe (**Abb. 11**). Sehr schön schauen wir in das westliche Ende der V-förmigen Mulde hinein, die das abgezweigte Gewölbe der Basse Montagne de Moutier von dem eigentlichen Raimeux-Münsterberggewölbe trennt. Solche Längstälchen auf und zwischen den Ketten heißen im Jura Comben, und so hat dieses nach einer Birsbrücke den Namen Combe du Pont erhalten.

Um den Münsterberg zu überblicken, wählen wir zweckmäßig unseren Standpunkt etwas weiter südlich auf dem Felsenrand (**Abb. 12**). Die Combe du Pont, in der sich gerade die weißdampfende Lokomotive eines Zuges befindet, sehen wir jetzt mehr von der Seite. Nördlich dieser Mulde folgt nun das Gewölbe des Münsterberges. Es ist aber ausgeräumt und an seiner Stelle befindet sich eine ziemlich weite, großenteils von Matten erfüllte Eintiefung. Hier sehen wir zum ersten Mal tiefer in die älteren Kernschichten des Gebirges hinein: Die in der Mitte deutlich sichtbaren Häuser von Hautes Roches liegen auf dem Lias, der einen Teil dieses Antiklinaltales erfüllt, und diesseits des Weilers ist ganz in der Tiefe sogar der Keuper angeschnitten.

Zur weiteren Orientierung fangen wir am besten mit dem Hintergrunde an. Der hinterste waldbewachsene Grat gehört zur Velleratkette, und zwar ist es der südliche, also nach dem Vordergrunde zu einfallende Malmkalkschenkel des Velleratgewölbes. Diesseits folgt eine hochgelegene, flache, mattenbedeckte Mulde, die die Velleratkette, wenn schon deutlich so hier doch ohne tieferen Einschnitt, vom Münsterberg trennt. Der Waldstreifen vor der Mulde ist der Malmkalknordschenkel des Münsterberges, und dazu gehören auch die weißen Felsen ganz links oben. Der Felsen etwas rechts unterhalb, Roche es Corbets (966 m), wird von dem erstgenannten durch einen flacheren Oxfordstreifen getrennt und gehört dem inneren gleichfalls zerstörten Gewölbe, dem Dogger, an. Der südliche Gegenschenkel dieses Doggers ist in dem bewaldeten Rücken diesseits von Hautes Roches deutlich zu erkennen, während der Oxford davor durch eine waldbewachsene Vertiefung angedeutet ist. Dann folgt nach dem Vordergrunde zu der felsige Südschenkel des Malmkalkes.

Einen übersichtlicheren Einblick in dieses Antiklinaltal des Münsterberges werden wir gewinnen, wenn wir zum Raimeux hinaufsteigen. Wir wollen jedoch den Umweg über den vor uns liegenden Teil des Münsterberges machen; denn getreu unserem Grundsatz, nur solche Aussichtspunkte anzusteuern, die schon auf den vorhergehenden Ausblicken ins Auge gefaßt werden können, wollen wir zunächst nach dem Felsen Roche es Corbets hinübergehen, wo wir erst einmal eine Übersicht des Raimeux, des östlichen Gegenstückes des Münsterberges, gewinnen. Unterwegs besuchen wir jedoch noch die prachtvolle V-förmige Mulde der Combe du Pont unten an der Straße, in die wir gegen Osten hineinblicken (**Abb. 13**), und beachten dann oberhalb von Hautes Roches, dort, wo auf Abb. 12 der Weg als feiner weißer Streifen am Waldrand zu erkennen ist, den Blick rückwärts auf die Klus von Münster (**Abb. 14**), da ihre Ansicht hier noch schöner ist als auf dem zu besuchenden Felsen. Ganz prächtig kommt in der Abendbeleuchtung das Gewölbe der Klus zur Geltung, das sich links oben im Bilde an das Raimeuxgewölbe ansetzt. Diesseits der Synklinale der Combe du Pont steigen die beiden widerstandsfähigen Kalkbänke (Kimmeridge und Rauracien), die in der Klus so deutlich hervortreten, in der Raimeuxkette wieder auf. Was nun weiter links folgt, wollen wir uns dann vom Felsen Roche es Corbets ansehen (**Abb. 15 und 31**).

Über 200 Meter unter uns liegen im Vordergrunde auf dem Lias des Gewölbekerns die Gehöfte von Hautes Roches, noch 200 Meter tiefer hinten im Birsquertal die Häuser von Roches, und jenseits dieses Tales steigt der Raimeux empor. Links davon ist noch eben die Tertiärmulde zwischen Raimeux und Velleratkette sichtbar, die hier ziemlich breit ist, dahinter das niedrige Ostende dieser Kette, und den fernen Hintergrund bilden die dichtgescharten Berge, die das Becken von Delsberg im Osten abschließen.

Auf der rechten Seite des Bildes sehen wir wieder den Ansatz des Gewölbes der Klus von Münster und davor sehr schön den südlichen Malmschenkel des Raimeux. Er legt sich im Hintergrunde nach Norden über und bildet dort auch den Gipfel des 1305 Meter hohen Bergzuges. Der Dogger tritt daher im Hintergrunde erst am Nordabhang des Berges zu Tage, während er im Vordergrunde im Birstal in breiterer, etwa 1 $^{1}/_{2}$ Kilometer betragender Front aufgeschlossen ist. Auffällig ist, wieviel weniger der zu beiden Seiten sich anschließende Oxford im Südschenkel als Einsenkung ausgeprägt ist als im Nordschenkel, wo die breite mattenbedeckte Combe vor dem Malmgrat sehr ins Auge fällt. Das wird in erster Linie durch die Lagerung der Schichten verursacht. Im Nordschenkel stehen die Schichten fast senkrecht, im Südschenkel dagegen liegt der Oxford schräg zwischen den härteren Kalken. Jede Anlage einer Einkerbung wird mit den abbröckelnden Trümmern der zurückweichenden Malmdecke überschüttet.

Man muß überhaupt nicht glauben, daß der Oxford überall die Oberfläche bildet, wo er auf der hier beigegebenen geologischen Karte und auf Rolliers geotektonischer Karte angegeben ist. Nur an recht wenigen Stellen sind die weichen, leicht zerstörbaren Schichten wirklich der Beobachtung zugänglich, fast überall sind sie von dem Schutt der darüber lagernden Schichten bedeckt und machen sich nur im Relief durch die Senke kenntlich, deren Lage zwischen den leicht zu identifizierenden Horizonten des Doggers und des untersten Malms eben mit Sicherheit auf Oxford schließen läßt. Für die Ausprägung von Oxfordkomben ist auch die wechselnde Mächtigkeit dieser Stufe von Bedeutung, die sowohl ursprünglich vorhanden als auch bei der Gebirgsbildung entstanden sein kann. Wichtig ist schließlich auch eine verschiedene petrographische Beschaffenheit der darauffolgenden Malmstufe, des Rauracien, auf die schon S. 29 hingewiesen ist. Hier in der Nordflanke der Raimeuxkette und erst recht in der Velleratkette (vgl. Abb. 20—24) besteht das Rauracien aus noch mächtigeren kompakteren Kalken als bei Münster; der Fazieswechsel zwischen Argovien nnd Rauracien ist hier vollendet.

Der Doggerkern des Raimeux beansprucht noch etwas unsere Aufmerksamkeit. Besonders deutlich ist rechts ein Doggergewölbe wahrzunehmen. Es ist bis zu dem darunter befindlichen Lias aufgeschlossen, in dessen weiche Mergel ein kurzes Antiklinaltal eingegraben ist. Weiter links sind dicht beieinander zwei Gewölbeanschnitte als zwei kleine Kalkbogen sichtbar. Über dem linken zieht ein bewaldeter Rücken zum Hintergrunde hinauf, ein Doggergewölbe, dessen Achse stark (etwa 15—16°) ansteigt.

Sehen wir ab von kleineren Unregelmäßigkeiten und Faltenausbuchtungen, über die eine genauere Prüfung wohl noch Näheres feststellen könnte, so scheint demnach festzustehen, daß wir es in dem vor uns liegenden, westlichen Teil des Raimeux mit zwei Hauptdoggergewölben zu tun haben, von denen das nördliche vom Birstal steil nach Osten ansteigt und auch im Hintergrunde vom Malm entblößt bleibt, während das südliche — dem westlich der Birs auch das Antiklinaltal des Münsterberges angehört — unter den südlichen Malmschenkel des Raimeux einschießt. Bei Betrachtung der Velleratkette werden wir uns an diese Verhältnisse erinnern. Jetzt aber gehen wir zum Raimeux hinüber, wo wir drei Punkte besuchen wollen, die von unserem jetzigen Standpunkt aus zu sehen sind. Zunächst gehen wir zu dem kleinen Doggergewölbe unten ganz links, dann auf den Malmnordschenkel, dort wo die höchsten weißen Felsen leuchten, um auf den Münsterberg zurückzublicken, und dann erst steigen wir zum Raimeuxgipfel auf, zu dem Felsenrand links unter den obersten Fichten, wo wir uns den ersten umfassenden Blick weiter nordwärts auf die Velleratkette verschaffen wollen.

Über das hübsche modellartige Doggergewölbe im Grunde (**Abb. 16**) ist nichts weiter zu sagen. Wir steigen hinauf auf den Malmgrat und sehen von der Felsenkanzel gerade in das eben verlassene Antiklinaltal hinein (**Abb. 17 und 30**). In der Silhouette des Hintergrundes kommt das äußere aufgebrochene Malmgewölbe und das flache, auf der Höhe des Münsterberges erhaltene, Doggergewölbe zum Ausdruck. Diesseits des bewaldeten Antiklinaltalschlusses ziehen sich die Matten und Felder auf den weichen, fruchtbaren Liasmergeln des ausgehöhlten Gewölbekerns hinunter in den Mittelgrund zum Quertal der Birs. Diesseits des Flusses erscheint ganz rechts ein Teil des Malmgrates, auf dem wir stehen, im tiefen Grunde die Oxfordkombe und links davon der großenteils bewaldete Doggerkern des Raimeux.

Der Berg rechts vor uns zeigt eine schöne runde Mulde in den Kalkfelsen seiner steilen Stirnseite. Es ist Malmkalk. Unterhalb davon zieht sich, etwa in den Matten, der Oxfordmergel hin. Diese Mulde ist nun nicht etwa die Synklinale, die den Münsterberg von der Velleratkette trennt — die zieht sich hinter diesem Berge rechts hinunter — vielmehr eine Unregelmäßigkeit innerhalb der Münsterbergkette. Doch überblicken wir die Verhältnisse noch vollständiger oben vom Gipfel des Raimeux, wo wir eine umfassende Aussicht genießen. Auf dem dort aufgenommenen Bilde (**Abb. 18**) sehen wir links noch etwas vom Münsterberg. Das Bild schneidet gerade an unserem früheren Standpunkt, Roche es Corbets ab. Rechts davon schließt sich die Mulde zwischen Münsterberg und Velleratkette an, die schon S. 93 bei Besprechung von Abb. 12 erwähnt worden ist. Wir sehen den höchstgelegenen Teil dieser Synklinale, eine 1040 m hoch gelegene Talwasserscheide in einem Längstal, das sich nach beiden Seiten hin rasch senkt. Im Hintergrunde erscheint die Mulde wegen dieser schnellen Senkung zum Tal von Soulce wie abgeschnitten. Der Boden ist zwar hier oben von Tertiär entblößt und wird von Malmkalk gebildet, aber die Tertiärdecke stellt sich schon 2 Kilometer westlich des höchsten Punktes in 800 m Höhe und 3 Kilometer östlich beim Schnitt mit dem Birstal ein. Rechts von der hohen Fichte im Vordergrunde, die uns diese Kreuzungsstelle einigermaßen verdeckt, sehen wir östlich des Birstals zwei Malmkalkgrate. Auf dem uns näher liegenden, dem Nordflügel des Raimeux, haben wir schon vorher gestanden, der hintere ist der Südschenkel der Velleratkette. Dementsprechend sehen wir auch westlich des Birstals den Malm in zwei Graten aufsteigen — eben zu beiden Seiten der besprochenen Mulde. Die uns näher liegende Malmmasse, die gleich links der erwähnten Fichte sichtbar ist, ist also der Nordschenkel des Münsterbergmalms. Wir sehen nun, wie dieser Malm oben nach Süden umgeknickt ist und hier die schon erwähnte runde Mulde bildet, deren weiße Felsbögen so schön sichtbar sind. Diese Mulde ist also als eine Störung innerhalb der Münsterberg-Raimeuxkette anzusehen. Deutlich ist zu erkennen, wie sie $1^1/_2$ Kilometer weiter westlich ihr Ende findet. Wir können auch sagen: Dort wird sie durch eine Abzweigung von der zwischen Münsterberg und Velleratkette hinziehenden Mulde angelegt. Östlich des Birstals ist nichts mehr von ihr zu sehen, da die entsprechenden Teile des Raimeux bis zum Dogger abgetragen sind. Es ist aber anzunehmen, daß sie einst noch ein ganzes Stück gegen den Raimeuxgipfel zu über den Dogger hingezogen ist. Jetzt ist auf dieser Seite des Birstals vom Malm nur der in tieferem Niveau befindliche, steil aufgerichtete Teil in Gestalt des von uns besuchten Grates erhalten.

Werfen wir nun einen Blick auf die Velleratkette! Besonders fällt mit seinen weißen Felsabbrüchen der nördliche Malmschenkel auf, der sich als dunkelbewaldete Platte nach Norden schräg zum weiten Becken von Delsberg senkt. Davor sehen wir auf den Doggerkern der Kette, der vorn auf ebenerer Fläche das Dorf Vellerat trägt, nach dem Hintergrunde zu als Rücken zwischen den beiden Malmschenkeln sichtbar wird.

Es bleibt uns noch übrig, diese Kette näher kennen zu lernen. Wir begeben uns zunächst ziemlich weit nach Westen, noch 2 Kilometer hinter den höchsten, links besonders deutlich hervortretenden Gipfel, stellen uns dort unmittelbar an das Gehöft Mont dessous (945 m) und wenden den Blick ostwärts den Rücken der Velleratkette entlang (**Abb. 19**).

Die soeben erwähnten Höhen haben wir nun rechts auf dem Bilde, wie gesagt etwa 2 km entfernt. Am Bildrande, über dem am Oxford stehenden Hofe Mont dessus, erblicken wir den 1119 m hohen Malmsüdschenkel links davon den Doggerkern. Dann folgt die nördliche viel tiefer ausgegrabene Oxfordkombe und dann der Malmnordschenkel. Er ist in einzelne Teile zerlegt, zwischen denen eine Reihe von Flankentälern zum Delsberger Becken hinunterziehen. Auf unserem Bilde sehen wir nur die östlichen der Malmkalkvorsprünge; der hinterste und höchste (1033 m) ist der, der uns vom Raimeux aus besonders auffiel. Bis dorthin, bis an den Fuß dieses letzten Felsens, wandern wir jetzt nach Osten auf der Höhe hin und haben dann das östliche Ende der Velleratkette vor uns (**Abb. 20 und 28**).

Ganz links zeigt sich noch eben die Malmkalkwand von Höhe 1033, zu ihren Füßen liegen vorn Oxfordmatten, und nach rechts steigt im Vordergrunde der Doggerkern des Velleratgewölbes an. Weiter hinten liegt auf Äcker tragendem Vorsprung das Dorf Vellerat, und dahinter zieht quer durch das Bild das Durchbruchstal der Birs, in dessen Grund das Eisenwerk von Choindez liegt. Dahinter schwingt sich das gewaltige Malmkalkgewölbe von Choindez herum. Während es westlich der Birs aufgebrochen ist, ist es hier östlich erhalten, da es sich nach Osten zu bedeutend senkt. Die Basis des Malmkalkes, die drüben an der Wand 700 m hoch liegt, würde bei unserem Standpunkt im Gewölbescheitel etwa 1200 m hoch liegen. Noch weiter nach Osten zu taucht das Gewölbe noch weiter unter. Das dunkle Waldstück im Hintergrunde liegt auf dem östlichen Ende der Velleratkette. Rechts davon sieht man die Tertiärmulde zwischen Velleratkette und Raimeux, links das Tertiärbecken von Delsberg, das sein östliches Ende vor den Bergen des Hintergrundes findet.

Das Gewölbe von Choindez werden wir uns gleich noch von einem näheren Standpunkt genauer ansehen; ehe wir aber unseren Platz hier oben verlassen, wenden wir unseren Blick nach links (**Abb. 21**), um die prächtige Felswand des kompakten Rauracienkalkes zu bewundern, die mit ihren glatten, gerundeten Nischen die Formen einer rein chemischen Abwitterung durch langsame Lösung des Kalkes zeigt. Da die den Felsen umsäumende Schutthalde links bis an die obere große Höhle reicht, können wir bequem hinaufsteigen und uns dort diese Formen aus der Nähe betrachten (**Abb. 22**). Diese Steilwand ist in ihrem weiteren Verlauf nach Nordwesten hin vielfach noch schöner mit sehr zahlreichen, meist kleineren und z. T. ziemlich tiefen Nischen bedeckt. Auch an vielen anderen Stellen treten sie in schöner Ausbildung auf, u. a. auf den Felswänden des Rauracien in den Birsklusen zwischen Münster und Delsberg (z. B. genau im Mittelpunkt von Abb. 8). Wenn nun diese Höhlungen auch eine gewisse Ähnlichkeit mit den von fließendem Wasser ausgestrudelten Kesseln haben, die sich an den Wänden der Klammen bis zu einer gewissen Höhe über dem heutigen Wasserspiegel noch wohl erhalten zeigen, so haben sie doch nichts mit ihnen zu tun.

Wir steigen nun gegen den Ort Vellerat hinunter, um links oberhalb des Dorfes den Blick noch einmal auf das Gewölbe von Choindez zu richten (**Abb. 23**). Ich wollte dem Leser diese zweite Ansicht nicht vorenthalten, bei der zwar die orographischen Verhältnisse im Osten durch das Gewölbe verdeckt sind, dafür aber die vorher nicht sichtbare Beziehung zum Raimeux hervortritt. Rechts erkennen wir die mit Tertiär gefüllte schmale Mulde, aus der auf beiden Seiten der Malmkalk in die Höhe steigt, im Raimeux oben abgeschnitten, in der Velleratkette zum wohlerhaltenen Gewölbe umbiegend, das oben nur aus Rauracien besteht. Im Gewölbe von Choindez ist das breite Oxfordband besonders deutlich, das die Matten vor der Kalkwand einnimmt, zu beiden Seiten zum Birstal hinunterzieht und so das harte

Doggergewölbe umschließt, dessen steile Kalkwände nur zum Teil durch Nadelwald verdeckt sind.

Der Nordschenkel des Malmgewölbes erregt noch unser Interesse. Buxtorf hat zuerst darauf aufmerksam gemacht,[1]) daß ein scharfer Knick vorhanden ist. Der obere Teil des Rauraciengewölbes ist weiter nach Norden übergeschoben, der untere zurückgeblieben. Ist dort östlich der Klus nun noch ein Zusammenhang des Rauracien vorhanden, so ist es dagegen diesseits ganz auseinandergerissen. Der untere Teil liegt dort, wo auf Abb. 23 der weiße Fleck den großen Kalksteinbruch des Eisenwerkes angibt. Ganz links sind im Walde die Felsklippen des oberen Teils sichtbar. Dazwischen zieht sich ein Band des Oxfords hin, der zusammen mit dem oberen Teile des Rauracien nach Norden versetzt worden ist. Auf der rechten Seite des auf dem Bilde sichtbaren Weges, der diesem Oxford folgt, ist der den Kalk bedeckende Mergel wegen der Steinbruchsarbeiten fortgeräumt worden, und es ist so der gewaltige Harnisch der Abscherungsfläche auf das prächtigste zu sehen, auf der der Kalk geglättet und von großen parallelen Riefen durchfurcht ist. Man sieht übrigens deutlich, daß sich diese Dislokationsfläche nach dem Vordergrunde zu senkt. Auf die Entfernung von $^3/_4$ km über die Birsschlucht hinüber sind es etwa 70 m. Die Überschiebung ist ja gering (nach Buxtorf 150 m), aber dafür deutlich in die Augen fallend. Sie bedeutet nur einen Anklang an die großen nordwärts gerichteten Überschiebungen, die etwas weiter im Osten eine sehr große Rolle im Bau des Juragebirges zu spielen beginnen.

Es ist auffallend, daß von dieser Störung im Malmkalkmantel der Doggerkern gar nicht berührt worden ist. Wir erinnern uns daran, daß der Dogger im Nordschenkel des Münsterberges am Birstal offensichtlich auch nicht die spitze, im Kern mit Oxford angefüllte Aufwölbung des Malms mitmacht, die vom Raimeux aus so deutlich ins Auge fällt (Abb. 18). Andererseits haben wir gesehen, daß das doppelte Doggergewölbe des Raimeux von einem mehr einheitlich gestalteten Malmmantel überdeckt wird. Daß diese Erscheinung häufiger auftritt, werden wir S. 101 sehen. Alles das erscheint uns nun weniger wunderbar, wenn wir bedenken, daß zwischen den spröden Kalkschichten die Mergel des Oxfords und des obersten Doggers als durchschnittlich mehr als 100 m mächtige plastische Schicht liegen. So hat jedes feste Kalkband für sich, bis zu einem gewissen Maße unabhängig

[1]) A. Buxtorf, Über den Gebirgsbau des Clos du Doubs und der Velleratkette im Berner Jura (Ber. über die 42. Versammlg. d. Oberrhein. geol. Vereins, 1909).

von den anderen, dem Faltungsprozeß unterworfen werden können. Der Oxford hat dabei die Zwischenräume ausgefüllt, ist hier mehr weggequetscht, dort mehr angehäuft worden. So erklärt sich die außerordentlich wechselnde Mächtigkeit dieses Horizonts.[1]) Eine ähnliche Rolle spielen auch die anderen mergeligen Zwischenlagen[1]). Es ergibt sich weiter, daß ohne diesen wiederholten Wechsel der Kalke mit plastischen Schichten eine so regelmäßige Faltung, wie wir sie im Jura vor uns haben, unmöglich gewesen wäre. Ein Vergleich wird dies ganz klar machen: Es bedarf sehr großer Kraft, um ein 2 cm dickes Stahlband von 1 m Länge zu biegen. Sehr bald wird auf der konkaven Seite die Stauchung, auf der konvexen die Spannung sehr groß und das Band wird bei weiterem Biegen bald zerspringen. Leicht ist das Biegen jedoch, wenn 20 je 1 mm dicke Bänder zusammengelegt sind. Wir sehen dabei, wie sich die Enden der inneren verschieben, die einzelnen Bänder gleiten aneinander hin. So ist es auch in den Falten des Jura. Ist z. B. die Mächtigkeit der Juraformation

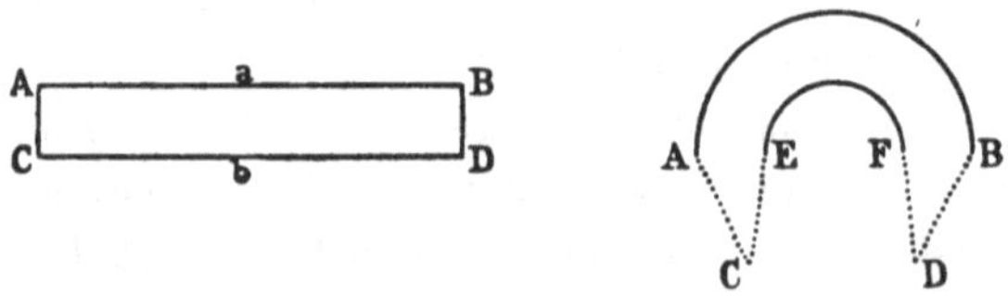

Fig. 1.

(Fig. 1) zwischen den Schichten a und b $^1/_2$ km uud wird das 3,1 km lange Stück zu einem halbkreisförmigen Gewölbe mit dem äußeren Radius von 1 km gefaltet, so ist das innere Gewölbe, das den halben Radius hat, auch nur halb so lang und die Punkte C und D liegen etwa 780 m unterhalb von E und F. In allen plastischen Zwischenschichten müssen also bei der Gebirgsfaltung Gleitbewegungen stattgefunden haben, diese Schichten dienten als Schmiermittel. In den Muldenteilen gleicht sich diese Verschiebung wieder aus.

Die mächtigeren plastischen Schichtkomplexe machen dabei, wie wir gesehen haben, die formgebenden Kalke einigermaßen unabhängig voneinander. In unserem Jurateil sind nur über den Oxford dahingehende Beobachtungen zu machen. In anderen Gebieten des Gebirges ist jedoch zu beobachten, daß auch ältere plastische Schichten eine ähnliche Rolle spielen. Ja hinsichtlich der ältesten dieser Schichten, der Anhydritgruppe des Muschelkalkes, hat Buxdorf die

[1]) Vgl. dazu Buxtorf, über den Gebirgsbau etc., und die von ihm dort gegebenen Hinweise auf ältere Bemerkungen von Mathey, Roby und Mühlberg.

von ihm näher begründete Hypothese aufgestellt, daß sie die vollständige Loslösung der Jurafalten von der (allerdings nirgends zu beobachtenden) Unterlage gestattet hat.[1]) Er hat den Jura als „gefaltete Abscherungsdecke“ bezeichnet und dementsprechende interessante Profile entworfen.

Wir queren jetzt die Birsklus und steigen auf dem Oxford hinan, um drüben am Waldrand unterhalb der Malmkalkklippen den Blick rückwärts auf den diesseitigen Teil der Velleratkette zu wenden (**Abb. 24** und **Abb. 29**). Im Vordergrunde haben wir die Matten des Oxfords, auf denen Rinder weiden, aus der Tiefe des Birstals steigt der Rauch des Hochofens auf, von Bäumen umgeben liegt drüben das Dorf Vellerat auf dem Doggergewölbe. Der Bergumriß des Hintergrundes zeigt drei Höhen, in der Mitte den Doggerkern der Kette, zu beiden Seiten die Malmschenkel, die von ihm durch die Isoklinalkomben des Oxfords getrennt sind.

Zwischen diesem Doggergewölbe im Hintergrunde und dem, auf dem das Dorf Vellerat liegt, ist kein rechter Zusammenhang. Auch darauf hat Buxdorf zuerst hingewiesen,[2]) daß hier die Auswechselung eines Doggersattels durch einen zweiten stattfindet. Das Gewölbe, auf dem wir stehen und das hinüber nach Vellerat zieht, taucht, sich verflachend, unter den Nordschenkel des Malms unter. Aus dem Birstal zieht links davon eine Runse herauf, und links von dieser entwickelt sich aus der Tiefe ein zweites Gewölbe, das rasch ansteigend im Hintergrunde das erstgenannte vollkommen ersetzt hat. Eine solche Auswechselung zweier Doggerkerne in der Weißensteinkette hat Buxdorf näher beschrieben und in einer bekannten Profilserie anschaulich dargestellt.[3])

Nachdem die Birs die Klus von Choindez durchflossen hat, tritt sie hinaus in das weite Delsberger Becken, das hier 5 Kilometer breit ist. Der Fluß macht aber nicht die geringste Anstalt, dieser Synklinale nach links oder rechts zu folgen, sondern fließt gerade quer hindurch, um in die Klus von Soyhières und damit in die Rangierskette einzudringen und sich dann weiter in Quer- und Längstälern durch die nördlichsten, niedrigeren Rücken des Jura nach Basel hindurchzuarbeiten. In diesem nördlichen Juraabschnitt fehlt aber

---

[1]) A. Buxtorf, Zur Tektonik des Kettenjura, Ber. über die 40. Versammlung des Oberrheinischen geologischen Vereins zu Lindau. 1907.

[2]) Buxtorf A., Über den Gebirgsbau etc..

[3]) Buxtorf A., Geologische Beschreibung des Weißenstein-Tunnels und seiner Umgebung, Bern 1907.

der großartige, weiträumige und übersichtliche Faltenbau der von uns gequerten südlichen Ketten, und so wollen wir unsere Wanderung nicht weiter nordwärts fortsetzen und nur noch vom Delsberger Becken aus eine Übersicht über die Velleratkette zu gewinnen suchen.

Wir gehen zunächst in den westlichen Teil des Beckens, wo uns die Tertiärhöhen nördlich von Bassecourt einen guten Überblick gewähren (**Abb. 25**). Es ist allerdings nicht leicht, ihn auch in der Photographie festzuhalten, vielmehr ist es nur im Sommer während kurzer Zeit gegen Abend bei klarer Luft gut möglich, eine brauchbare Aufnahme von diesem 5—10 km entfernten, dunkelbewaldeten Nordabhang der Kette und seiner Gliederung zu erhalten. Ganz links ist noch das Gewölbe der Klus von Choindez zu erkennen, von dem wir 11 km entfernt sind. Der Einschnitt am rechten Bildrand ist eine jetzt wasserlose, übrigens auch tektonisch durch eine beträchtliche Senkung der Gewölbeachse angelegte Kerbe, mit einem nur 793 m hohen Paß über die Kette. Zwischen diesem und der Klus ist nun der Nordhang durch eine Reihe von 5 Flankentälern in 6 Abschnitte zerlegt, die Malmplatte, die diesen Hang bildet, in 6 Stücke zerschnitten worden. Die Stirnseiten der drei östlichsten Malmkalkplatten haben wir ja schon gesehen, als wir auf den Matten standen, die oben, rechts von der Bildmitte wahrzunehmen sind (vgl. Abb. 19).

Um diese Weiden dort oben schwingt sich im Westen der Malm im Bogen herum, von der bewaldeten Nordflanke auf die bewaldete Südkante, die als schmaler Waldstreifen in der Bildmitte erkennbar ist. Aus den so umrahmten Matten erhebt sich allmählich nach Osten hin der Doggerkern immer höher, um dann weiterhin wieder gegen die Klus von Choindez zu sinken. In der Gegend der stärksten Aufwölbung haben erklärlicherweise die beiden östlichsten Flankentäler auch am kräftigsten in die Kette hineingenagt. Von dem vorletzten ist der Doggerkern durchgesägt worden, und ein Bach fließt hindurch, der im südlichen Oxfordstreifen entspringt. Die hier angefangene Ausräumung des Oxfords im Südschenkel ist im letzten Tal aber noch bedeutend weiter gediehen. Auch der südliche Malmschenkel wird (wie auch unsere orographische Karte, Taf. 21 zeigt), schon untergraben. Der Grat ist hier am weitesten zurückgelegt und fällt auch nach diesem Quellkessel hin viel schroffer ab als irgend wo anders. Südlich hinter diesem Grat liegt in 1000 und 1050 m Meereshöhe der Boden der Mulde, die Münsterberg- und Velleratkette trennt. Einst wird vielleicht der Grat hier zerstört sein, und der Bach unseres Flankentals wird das oberste Stückchen des Tales von Soulce an sich reißen, es nach Osten hin tiefer erodieren und so auch die auf Abb. 18 sichtbare Talwasserscheide dieser Mulde nach Osten hin verlegen. Sämtliche Flankentäler der Velleratkette aber geben in ihrer gradweise verschiedenen Ausbildung ein Musterbeispiel für die Etappen, mittels deren ein jenseits eines Gewölbes liegendes Muldental angeschnitten werden kann.

Ein Standpunkt weiter östlich soll uns nun auch den östlichen Teil der Velleratkette zeigen (**Abb. 26**). Wir stehen mitten im Delsberger Becken auf den Tertiärhügeln nordwestlich von Courtetelle. Auf unserer Abbildung ist rechts noch das östlichste der Flankentäler wahrzunehmen, links daneben die uns besonders bekannte Höhe 1033. Noch weiter links folgt die Klus von Choindez, hinter der sich der Raimeux hoch erhebt. Davor aber liegt mitten im Delsberger Becken ein einzelner bewaldeter Berg von rundlichem Umriß. Rings von Tertiär umgeben, trägt er oben eine Malmkalkplatte, die offenbar von Tertiär unterteuft wird. Nach Rollier haben wir anzunehmen, daß diese wurzellose Malmmasse von der Velleratkette hierher heruntergerutscht ist.[1]) Natürlich ist sie durch die Erosion schon stark verkleinert worden, und insbesondere ist erst nachträglich das Tal gebildet worden, das sie von der Velleratkette trennt. Wir haben damit hier im Jura ein modellartiges Beispiel für die „Klippen" des nördlichen schweizerischen Alpenlandes, die, wie die Mythen bei Schwyz, als wurzellose Klötze mesozoischer Gesteine von fremder, südalpiner Fazies auf jüngeren Sedimenten liegen. Wenn es sich dort auch um ungleich größere Massen und Transportentfernungen handelt, so ist die Ähnlichkeit des Vorgangs vielleicht doch größer als vielfach angenommen wird. Sicher hat zwar die Erosion ungeheure Massen der „Klippendecke" zerstört, fraglich bleibt aber immerhin, ob sie auch in der östlichen Schweiz in so zusammenhängender Form über die Alpen gekommen ist, wie die gewöhnliche Ansicht es will. Besonders aber ist zu erwägen, ob nicht neben dem Schub, oder mehr als dieser, das Abgleiten infolge der Schwerkraft, auf unter dem ungeheuren Drucke plastischer Unterlage, auch in den Alpen eine wichtige Rolle gespielt haben könnte. So meint auch C. Schmidt, daß die Sedimentärgesteine, die einst über den kristallinen Kernmassen von Montblanc, Finsteraarhorn und Gotthard gelegen haben, nicht wie allgemein angenommen werde, durch die Erosion allein entfernt seien, sondern nordwärts abgeglitten seien, sich hineinsetzend in vorgebildete De-

[1]) Ob es sich ebenso mit dem Malm von Chaluet bei Court verhält, ist, wie wir S. 88 gesehen haben, bisher recht zweifelhaft.

pressionen.[1]) Anders liegt es allerdings, wenn neuere Anschauungen wirklich zutreffen, nach denen die Überschiebungsdecken im Innern der Erde unter weniger gestörten Schichten gebildet sind.

Nach Beendigung unserer Wanderung mag ich es nicht unterlassen, den Leser in Hinblick auf die besprochenen Flankentäler der Velleratkette noch zu einer Stelle zu führen, die etwas abseits unseres Weges lag (**Abb. 27**). Auf der orographischen und der geologischen Karte fällt außerordentlich eine nach Süden geöffnete große Aushöhlung im Kern des Münsterberges auf, die Combe von le Coulou. Kein schöneres Beispiel gibt es im ganzen Berner Jura für ein Flankental, das zunächst von außen durch den Malmkalk durchgegriffen, dann den angeschnittenen Oxford auf beiden Seiten unter Schaffung von Isoklinaltälern ausgeräumt hat, hierauf auch das Doggergewölbe angegriffen hat und, nachdem es sich durchgefressen hat, aus dessen Kern den weichen Lias mächtig herausräumt. Denn so wie einmal der Doggermantel durchgenagt ist, fällt der weiche, undurchlässige Liaston der Fortspülung schnell zum Opfer, und die Höhlung wird durch Abstürzen der untergrabenen Kalkwände des Doggers stetig erweitert.

Unsere Wanderung ist beendigt, und sie hat, denke ich, gezeigt, daß der Berner Jura ein außerordentlich interessantes Faltengebirge ist, das eine große Anzahl tektonischer und morphologischer Phänomene in schulmäßig einfachen Beispielen aufweist. Auf die Erörterungen und allgemeinen Schlüsse, die sich anknüpfen lassen, sind wir schon vielfach bei der Besprechung der einzelnen Bilder eingegangen. So bleibt nicht mehr allzuviel nachzuholen. Doch möchte ich einigen Problemen der Abtragung und der Talbildung noch eine etwas nähere Betrachtung widmen.

Wie früher auseinandergesetzt worden ist, ist das Gebirge nach Ablagerung der mesozoischen und tertiären Sedimente gegen Ende der Tertiärzeit, im Pliozän, aufgefaltet worden. Wir haben gesehen, daß die Tertiärdecke überall von den Gewölben entfernt ist, daß die Abtragung weiter die Juragewölbe angegriffen hat, und zwar in recht verschiedenem Grade, im allgemeinen desto stärker, je höher sie aufgewölbt waren. Für die verschiedenen Typen von Ketten, die so entstanden, geben die drei geologisch kolorierten Abbildungen 28—30 Beispiele aus unserem Gebiet. Da den Bildern eine kurze, aber genügende Charakterisierung beigefügt ist, braucht hier nur darauf hin-

[1]) Bau und Bild der Schweizeralpen, S. 68.

gewiesen zu werden, daß diese Typen den Jurageologen schon früh aufgefallen sind. Thurmann, der 1832—56 die ersten eingehenden und zusammenfassenden Untersuchungen über den Aufbau des Jura veröffentlicht hat, teilt nach diesem Prinzip die „Erhebungen" des Jura in vier Ordnungen ein. Unsere drei Beispiele entsprechen seinen drei ersten Ordnungen; für die Ketten vierter Ordnung, bei denen auch der Muschelkalk entblößt ist, gibt es in unserem Gebiet kein Beispiel.

Thurmann stand auf dem Boden der Erhebungstheorie Elie de Beaumonts, dachte sich also die Ketten durch Auftreibung und Aufbrechen infolge einer senkrecht von unten wirkenden Kraft entstanden Mit dieser Anschauung hat die Faltungstheorie, die als Ursache einen seitlichen Zusammenschub annimmt, gründlich aufgeräumt. Sie sieht nun auch ganz von einem Aufbersten der Gewölbe ab, nimmt vielmehr an, daß in jedem Falle alles, was an Schichtteilen über den Gewölben fehlt, aus den noch zusammenhängend vorhandenen Decken allein durch die Abtragung entfernt ist. Doch muß man sich im Hinblick auf die Juraketten fragen, ob diese Anschauung vollauf berechtigt ist. Im Gegensatz zu ihr nimmt Kemmerling [1]) — im Anschluß an eine Diskussion seiner Funde von Vogesengeröllen auf dem unteren Malm der Kämme — an, daß die schon durch frühere Erosion angeschnittenen Malmdecken bei einer neu einsetzenden späteren Faltung aufgebrochen und die Malmschenkel dann am Doggerkern heruntergeglitten seien. Mir scheint das nun allerdings unwahrscheinlich. Denn einmal weisen die Beziehungen der Malmdecken zu den Lücken auf die ausschließliche Wirkung der Abtragung hin. Andererseits müßte auch dem Abrutschen von den Kämmen wohl eine entsprechende Stauchung und Faltung in den Synklinalen entsprechen (vgl. S. 100). Doch ist der Gedanke wohl nicht ganz von der Hand zu weisen, und er scheint mir bei weiteren Untersuchungen im Felde immerhin Berücksichtigung zu verdienen.

Wir haben eben die neuerdings verschiedentlich ausgesprochene Annahme einer zweimaligen Auffaltung des Jura berührt. Sie stammt ursprünglich von Ed. Brückner, der der Ansicht Ausdruck gegeben hat, [2]) daß der Jura sich in einem zweiten Erosionszyklus befände, daß er nach Ablagerung seiner tertiären Sedimente und nach der darauffolgenden Faltung im Pliozän schon einmal zu einer Fast-

[1]) G. Kemmerling, Geologische Beschreibung der Ketten von Vellerat und Moutier. Inaug.-Dissert., Freiburg 1911.

[2]) Penck und Brückner, Die Alpen im Eiszeitalter, Leipzig 1909, I, S. 476—480.

ebene eingeebnet worden sei. Diese Fastebene sei z. B. in den Franches Montagnes als Ganzes gehoben, im Berner Jura aber einer zweiten Faltung unterworfen worden, wodurch die heutigen Ketten entstanden seien. Dadurch soll es sich nämlich nun erklären, daß die heutigen Gewölbe vielfach schief geköpft sind, — wie dies z. B. schön der Raimeux auf unserer Abb. 31 zeigt. Die schief auf den Bergen liegenden Destruktionsflächen seien eben Teile der verbogenen alten Fastebene.

Mir erscheint es ganz überflüssig, zu einer solchen Hypothese Zuflucht zu nehmen. Denn die schiefe Kappung der Gewölbe erklärt sich einfach daraus, daß die Gewölbe eben nicht symmetrisch sondern schief sind. Abb. 9 zeigt uns ein Beispiel dafür, wie einem solchen schiefen Malmgewölbe die Durchnagung zunächst an der dem steilen Schenkel benachbarten Ecke droht. Ist die Durchnagung geschehen, so wird hier, wo die stärkere Neigung des Bodens vorhanden ist, die Erosion auch weiter am kräftigsten wirken, während die sanftgeneigte Malmdecke des anderen Schenkels länger erhalten bleibt. Wie am Raimeux, so erklären sich in dieser Weise naturgemäß auch die gleichen Verhältnisse am Moron, am Montoz, an der Hasenmatt usw. In zweiter Linie kommt auch die Höhe der Erosionsbasis in Betracht, die vielfach sehr verschieden auf den beiden Seiten einer Kette ist.

Brückners Hypothese ist schon mehrfach, insbesondere auch von hervorragenden Kennern des Juragebirges, wie de Margerie [1]) und Martin [2]) abgelehnt worden. Mag man sich nun zu Brückners — auch mir unwahrscheinlichen — Hypothese einer ehemaligen Jura-Fastebene stellen, wie man will, keineswegs können für diese, zunächst auf andere Teile unseres Gebirges zugeschnittene Annahme die schief gekappten Gewölbe des Berner Jura ins Feld geführt werden. Alle Destruktionsformen dieses Gebirgsteils stehen offensichtlich in Beziehung zur jetzigen Tektonik und den jetzigen Höhenverhältnissen und geben keinen Anlaß dazu, etwas anderes als eine einmalige Auffaltung anzunehmen.

Haben nun auch seit dieser Auffaltung in der Pliozänzeit die

---

[1]) E. de Margerie, la structure du Jura. Actes de la Soc. Helvetique des sciences nat. 92 me Session, Lausanne 1909, S. 67.

[2]) Revue de géographie annuelle IV. 1910. Bemerkenswert ist auch Hettner's Aufsatz „Aus dem Schweizer Jura“ in der Geographischen Zeitschrift 1912, S. 515 bis 521, in dem er unter Anzweifeln der Fastebene zur Erklärung der Formen auf die — sonst bisher für den Jura nicht genügend beachtete — besondere Art der Erosion im Kalkgebirge hinweist.

exogenen Kräfte tüchtig an der Abtragung des Gebirges gearbeitet, so hat es doch seinen jugendlichen Charakter noch voll bewahrt. Die orographische Gliederung entspricht im wesentlichen noch ganz dem tektonischen Aufbau, und mit der Orographie auch die Entwässerung. Die langen Synklinaltäler sind die Sammler des Wassers. Anders ist es in den viel älteren Alleghanies, in denen nach viel weiter gehender Zerstörung des Faltengebirges Hart und Weich die Lage der Talzüge bestimmen und Antiklinal- und Synklinaltäler vorherrschen. In unserem Gebiet sind die Oxfordkomben nur Keimanlagen von Isoklinaltälern, bei Roche haben wir auch ein kurzes Antiklinalta kennen gelernt. Das alles sind aber nur gewissermaßen Modelle für diese Arten von Tälern, übersichtliche lehrreiche Musterbeispiele im Kleinen. Erst wenn einst die Abtragung des Jura viel weiter gediehen sein wird, werden diese bisher noch oben in den Ketten liegenden sekundären Bildungen eine Rolle als Hauptentwässerungslinien neben den alten Muldentälern spielen.

Die Isoklinal- und Antiklinaltäler folgen wie die Synklinaltäler dem Streichen der Falten. An die allgemeine Entwässerung sind sie durch die quer zum Streichen laufenden Täler angeschlossen. Diese schneiden entweder ganz durch eine Kette hindurch und verbinden so zwei Muldentäler — dann nennen wir sie Durchbruchstäler — oder sie haben die Ketten nur von einer Seite angenagt und mehr oder weniger tief hineingeschnitten. Das sind die Flankentäler. Zunächst über diese noch ein Wort!

Durch zahlreiche Flankentäler ist, wie wir gesehen haben, der Nordabhang der Velleratkette besonders ausgezeichnet. In großem Gegensatz dazu steht ihr sehr wenig gefurchter Südhang. Dieser Unterschied von Nord- und Südabhang ist jedoch eine allgemeine Erscheinung. An einem — etwas über den Bereich der Karte auf Taf. 21 hinausgreifenden — etwa 25 km breiten Abschnitt der von uns betrachteten drei Ketten zähle ich auf den Nordhängen im ganzen 24 bedeutendere Anschnitte, dagegen auf den Südhängen nur 8, also ein Drittel davon. Machaćek erklärt den Unterschied folgendermaßen:[1]) „Die Anzahl der ein Gehänge zerfressenden Abdachungsflüsse ist ein Maßstab für den Niederschlagsreichtum der betreffenden Gegend; sie finden sich an der Wetterseite einer Kette häufiger als an der Leeseite.“ Das scheint mir nicht der springende Punkt zu sein. Die betrachteten Kettenstücke streichen fast westöstlich, nur zum Teil etwas nordöstlicher. Bei der Häufigkeit südwestlicher Winde und ihrem Regenreichtum

[1]) Machaćek, der Schweizer Jura, S. 83.

will es mir sogar zweifelhaft erscheinen, ob den Ketten eine größere Niederschlagsmenge durch südliche oder durch nördliche Winde zugeführt wird. Jedenfalls kann es sich nur um ziemlich irrelevante Unterschiede handeln. Der ausschlaggebende Faktor scheint mir der Unterschied in der Besonnung zu sein. Bei der Steilheit der Ketten besteht in dieser Hinsicht ein riesiger Gegensatz zwischen den gegen Süden exponierten Abhängen und den schattigen Nordhängen. Nicht das nach Niederschlägen oberflächlich abrinnende Wasser ist es ja, das in unserem Kalkgebirge hauptsächlich für diese Flankenerosion verantwortlich zu machen ist, sondern die unterirdische Arbeit des Wassers und die Quellbäche. Es kann keinem Zweifel unterliegen, daß auf den Südhängen ein viel größerer Teil des Niederschlags verdunstet als auf den nördlichen, auf diesen ein viel größerer Teil in den Boden gelangt. Man denke z. B. an die häufige längere Bedeckung der Nordflanken mit langsam schmelzendem Schnee. Das kohlensäurereiche Wasser dringt stetig in den Boden ein und sättigt sich dort mit kohlensaurem Kalk. Diese unterirdische Erosion, die der Bildung oberflächlicher Runsen vorarbeitet, ist nicht zu unterschätzen. Die Durchfeuchtung und stärkere Quellbildung im Boden gibt weiter vermehrten Anlaß zu Rutschungen und Nachstürzen. Schließlich wird das vielfach wieder in kleinen Quellen an die Oberfläche tretende Wasser an der Nordseite nicht wie auf den Südhängen von den durch die Sonne aufgetrockneten Oberflächenschichten aufgesogen, sondern kann sich zu stärkeren Wasserläufen vereinigen und seine erodierende Tätigkeit bis ins Haupttal hinunter entfalten.

In zweiter Linie ist auch die Höhe der Erosionsbasis nicht zu vernachlässigen. Der Boden der begleitenden Längstäler liegt bei unseren drei Ketten auf deren Südseite durchschnittlich höher als auf der Nordseite. Das Gegenbeispiel bildet die Montoz-Weißensteinkette, die südlichste am Aaretal hinziehende Kette. Während das Längstal von Tavannes und Gänsbrunnen westlich von Court etwa 700 m, östliich von diesem Ort großenteils viel höher liegt, fließt auf der Südseite die Aare in etwa 430 m Meereshöhe. Dementsprechend ist auch der bedeutend höhere Südhang viel mehr durch Flankentäler zerschnitten als die Nordflanke der Kette. Daß zudem im einzelnen die Tektonik und die Wechsellagerung der Schichten, die dem unterirdischen Wasser seinen Weg weisen, zu berücksichtigen sind, ist ohne weiteres klar.

Wie von den Flankentälern, so arbeitet auch von den Durchbruchstälern her die Erosion Isoklinal- und Antiklinaltäler aus. Das haben wir bei den durch die Raimeux- und die Velleratkette hindurchführenden Klusen von Roche und Choindez gesehen. Von diesen unterscheiden sich in der Form die geschlossenen, zirkusförmigen Klusen von Court und von Münster, die aber immerhin im Hinblick auf die Weitung in der Mitte als erste Anlagen von Antiklinaltälern angesehen werden können. Diese Ausweitung ist auf beiden Seiten nicht gleich groß, denn, wie die Karte 1 : 100000 auf Taf. 21 aufs deutlichste zeigt, treten die Gewölbe auf der Ostseite viel weiter zurück. Da die Gewölbe nach Westen absinken, könnte man diese Asymmetrie der größeren Höhe des Ostrandes zuschreiben. Das ist jedoch nur zum Teil der Fall. Die in Fig. 2 gegebenen Querprofile der beiden Klusen zeigen vielmehr, daß die Neigung des Hanges auf der Ostseite viel geringer ist. Und hierfür ist, wie ich glaube, die

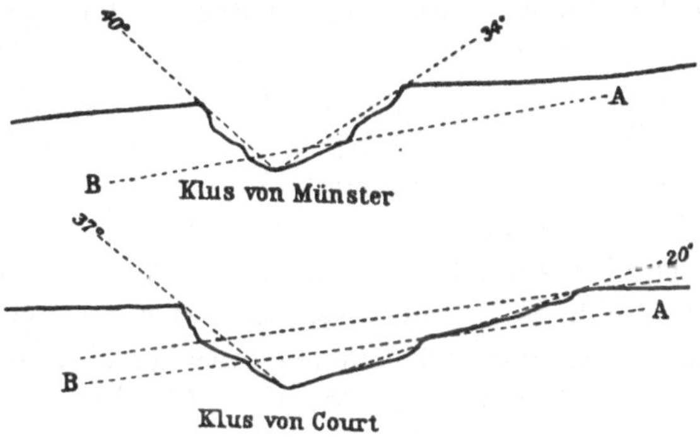

Fig. 2. Querschnitte durch die Klusen von Münster und Court im Maßstab 1 : 50000. AB Neigung der Schichten längs der Gewölbeachse.

Neigung der Schichten nach Westen die Hauptursache. Während die durch die Verwitterung gelösten Gesteinsstücke auf der Westseite der Klus ein Widerlager finden, ist das auf der Ostseite, wo die Schichtflächen nach der Klus hin einfallen, nicht der Fall. Hier bröckeln sie ab, umsomehr, da sie durch das Herausrutschen der mergeligen Zwischenlagen untergraben werden. Das alles wird durch die Arbeit des Wassers unterstützt, denn naturgemäß spielen hier Quellen oder wenigstens auf den Schichtflächen absickerndes, die Mergel erweichendes Wasser im Gegensatz zur Westseite, eine wichtige Rolle. Sollte man aber an den Einfluß der „Wetterseite" denken, so ist dem entgegenzuhalten, daß wir in dem Doggergewölbe der Klus von Choindez, das nach Osten absinkt, auch das umgekehrte Verhältnis haben; hier ist der Osthang der Klus bedeutend steiler (ca. 57° zu 37°).

Das rätselhafteste und umstrittenste Problem der Juramorphologie ist die Frage nach der Entstehung dieser Klusen. Denn alle anderen besprochenen Arten von Tälern, Synklinal-, Isoklinal- und Antiklinaltäler sowie Flankentäler, sind ihrer Entstehung nach leicht zu erklären; besondere Rätsel gibt nur der Ursprung der Durchbruchstäler auf. Auch in anderen Teilen des Jura finden sie sich (wie in jedem Faltengebirge), nirgends aber so zahlreich und schön wie im Berner Jura, wo der Wechsel von Längs- und Quertalstücken der Flüsse eine ganz rostförmige Zertalung des Gebirges verursacht. Unsere Kartenskizze auf Taf. 21 zeigt, daß außer der Birs, die wir auf ihrem Laufe quer durch die Ketten verfolgt habeu, auch ihre Nebenflüsse, die Rauß, die Sorne und die Gabiare durch dieselben Ketten an anderen Stellen hindurchbrechen.

Indem wir auf ältere Hypothesen (wie die Überlauftheorie und insbesondere die Spaltentheorie, die auf dem Boden der Erhebungstheorie der Gebirge erwachsen war) nicht weiter eingehen, wenden wir uns nur den Erklärungsmöglichkeiten zu, die zur Zeit ernstlich in Frage kommen. Seit langem geht der Streit zwischen der Regressionstheorie und der Antezedenztheorie. Nach der ersteren ist das Tal in die Flanke einer schon vorhandenen Kette eingeschnitten und durch rückschreitende Erosion bis zur nächsten Mulde hindurchgenagt worden, nach der zweiten war der Fluß zuerst da und hat das Tal in die sich langsam unter ihm emporwölbende Kette eingesägt.[1])

Zuletzt hat meines Wissens Fr. Machaćek in seiner früher genannten geomorphologischen Monographie des Schweizer Jura das Problem in Hinsicht auf das Birstalsystem näher untersucht (S. 90—95). Er nimmt dabei einen mittleren Standpunkt an. Für die Klusen der Birs selbst schließt er sich der Lehre von der Antezedenz an. Mit Recht hebt er dabei hervor, daß sich anders die Talstrecke zwischen Münster und Delsberg, auf der die Birs in einem Quertal drei Gewölbe hintereinander durchbricht, gar nicht erklären lasse. Dagegen glaubt Machaćek, daß die Klusen ihrer drei genannten Nebenflüsse, Rauß, Sorne und Gabiare, durch rückschreitende Erosion gebildet

[1]) Abgesehen von vielen Erörterungen, die die Frage allgemein fassen, sind gerade den Klusen unseres Gebiets im besonderen schon mehrere Abhandlungen gewidmet worden:

a) Foerste, A., the drainage of the Bernese Jura, Proceed. of the Boston Soc. of. Nat. Hist. XXV, 1892. Der Verfasser gibt eine gute Diskussion aller bisherigen Theorien und stellt sich auf den Boden der Antezedenztheorie.

b) Jenny, F., Das Birstal, ein Beitrag zur Kenntnis der Talbildung im Faltengebirge. Progr. d. Realsch. zu Basel 1897. Die Stellung des Verfassers ist nicht ganz klar, doch will er der rückschreitenden Erosion und tektonischen Störungen in den Ketten einen großen Einfluß bei der Ausbildung des Birslaufes zuschreiben.

seien. Den Gründen, die für diese Verschiedenheit in der Entstehung angeführt werden, vermag ich mich jedoch nicht anzuschließen. Denn so beträchtlich wie Machaćek die Unterschiede in der Lage und Gestalt der Klusen hinstellt, scheinen sie mir keineswegs zu sein. Auch die Klusen der Sorne sind gerade hintereinander angeordnet. Für Antezedenz spricht nach Machaćek auch „der Umstand, daß in den Birsklusen in keiner Richtung eine einseitige Verengung zu erkennen ist, wie es bei einem allmählichen Rückschreiten der Talbildung zu erwarten sein müßte". Ich kann nicht finden, daß sich die anderen Klusen bis auf die Raußklus bei Gänsbrunnen, in der offenbar tektonische Ursachen für die weite untere Öffnung vorhanden sind, anders verhalten. Alle haben einen engen Eingang und Ausgang. Den engen Ausgang haben übrigens auch Flankentäler, wenn sie, wie z. B. die der Velleratkette, eine harte Kalkplatte durchbrechen. Und so würde wohl auch in der Beziehung kein Unterschied zwischen antezedenten und subsequenten Durchbruchstälern zu konstatieren sein. Mir scheint aber, daß Machaćek besonders die beiden Sorneklusen vor Augen hat, die wirklich im oberen Teil eine längere enge Felsschlucht zeigen. Aber die Ursache ist ganz klar: Wie Rolliers Blatt Bellelay 1 : 25000 auch aufs deutlichste zeigt, wird in diesem südlichen, deutlich abgesetzten Teil bei beiden Klusen noch ein vom Hauptgewölbe abgezweigtes niedrigeres Gewölbe durchbrochen, in dem die harten Malmkalke nicht oder kaum bis auf den weicheren Kern durchschnitten worden sind.

Ferner glaube ich, daß Machaćek den Unterschieden im Gefälle wohl eine zu große Bedeutung beilegt. Ausgeglichenes mäßiges Gefälle soll für die Antezedenz der Birsklusen sprechen. Doch finde ich, daß es in der, nach Machaćek subsequenten, Raußklus von Gänsbrunnen nur wenig größer ist als in der dieselbe Kette durchbrechenden Birsklus von Court. Dort beträgt es auf 2,5 km 90 m, hier auf 2,6 km 80 m; das macht auf 100 m Entfernung 3,6 bei der Rauß, bei der Birs 3,1 m. Aber was will dieser Unterschied sagen! Haben wir doch in der unteren Sorneklus, der von Undervelier, die Machaćek als subsequent ansieht, das allergeringste Gefälle, nur 1,3 m auf 100 m.

Da die obere Sorneklus ein viel größeres Gefälle habe, viel enger und wilder sei als die untere, also viel jugendlichere Formen besitze, so sei sie, meint Machaćek, bedeutend jünger. Ist ein größerer Altersunterschied der beiden Sorneklusen wirklich zu begründen, so würde natürlich zunächst für die obere Klus Antezedenz ausgeschlossen sein. Mir scheinen aber die Formen gar nicht so verschieden zu sein. Wenn Machaćek schreibt, daß im Gegensatz zur unteren Klus die obere keine auffallende Erweiterung habe, so ist dazu zunächst zu sagen, daß — während die Halbkreise des Malmgewölbes in der unteren Klus beinahe $2^1/_2$ km auseinandertreten — ihr Abstand in der oberen Klus doch auch 2 km beträgt. Es scheint jedoch, daß Machaćek den im Innern der unteren Klus vorhandenen, etwa 200 m breiten, ebenen Talboden im Auge hat. Dieser aber erklärt sich einfach daraus, daß hier die Erosion durch den Doggerkalk hindurch bis auf die darunterliegenden weichen Mergel gegangen ist. Weshalb sich an die Erweiterung südlich noch ein enges Klusstück bei beiden Durchbrüchen ansetzt, haben wir schon vorher berührt.

Daß die obere Klus, namentlich in diesem oberen Stück, doch bedeutend wilder und enger ist, soll dabei keineswegs in Abrede gestellt werden. Gewiß hängt das mit dem größeren Gefälle zusammen, das in der oberen Sorneklus mit 7,4 m auf 100 m beträchtlich größer ist als in irgend einer der anderen Klusen. Ich meine aber, man kann das nicht gegen die Antezedenz ins Feld führen, glaube vielmehr, daß die verschiedene Größe des Gefälles in den Klusen eben durch den verschiedenen Niveauunterschied der verbundenen Muldentäler seine Erklärung findet. Der tertiäre Talboden von Undervelier liegt nur etwa 40 m höher als die entsprechenden Tertiärschichten des Delsberger Beckens, das Tal von Sornetan liegt aber gut 200 m über dem von Undervelier. Dieser primäre Unterschied verursacht den Unterschied im Gefälle der Quertalstücke. Sollte man nun meinen, bei dem großen Gefälle in der Klus hätte doch wohl das Tertiär des Sornetantals weiter ausgeräumt werden können, so ist dem entgegenzuhalten, daß die mächtigen Malmkalkmassen des niedrigen Zweiggewölbes, durch das die Sorne im oberen Klusabschnitt fließt, die Tieferlegung des Kluseinganges offenbar haben verzögern müssen.

Ich komme zu dem Schluß, daß alle Formverschiedenheiten der Klusen nicht auf eine verschiedene Entstehungsart hindeuten, sondern durch die Struktur des Gebirges zu erklären sind. Im Folgenden wird sich nun zeigen, daß wie die Regressionstheorie so auch die Antezedenztheorie in ihrer landläufigen Form den Verhältnissen nicht gerecht wird.

De la Noë und de Margerie haben schon 1888 gezeigt,[1]) daß die Klusen des Jura ganz auffällig an die Einsenkungen der Gewölbeachsen gebunden seien. Wie in der Längsrichtung der Muldentäler so haben wir nämlich auch in den lang dahinstreichenden Gewölben ein Auf- und Abschweben der Schichten. Ein und dieselbe Falte

[1]) de la Noë et de Margerie, les formes du terrain, Paris 1888 S. 141—152.

senkt sich und steigt wieder auf. Tritt das schon in der Orographie hervor, so kommt es doch deutlicher und exakter zum Vorschein, wenn man die Höhenlage eines bestimmten geologischen Horizonts untersucht. De la Noë hat 1893 eine Karte im Maßstab 1 : 400000 angefertigt, die einen großen Teil des Juragebirges umfaßt, und auf der mittels Isohypsen die Höhenlage der obersten Jurastufe (Portland) dargestellt ist, wie sie sein würde, wenn diese Schicht noch überall erhalten wäre. So bekommt man nach dem von den genannten französischen Forschern geschaffenen Ausdruck eine „Strukturoberfläche" (surface structurale). Ein auch den Berner Jura umfassender Ausschnitt dieser Karte ist in 1 : 600000 von de Martonne in seiner ausgezeichneten Géographie physique reproduziert worden[1]) und zeigt deutlich die erwähnte Beziehung. Aber lange nicht so exakt und so stark ausgeprägt, wie sie sich heute feststellen läßt. Denn seit de la Noë nach der ersten Ausgabe der geolog. Karte in 1 : 100000 seine Konstruktionen ausgeführt hat, haben die von Rollier veröffentlichten Blätter in 1 : 25000 eine außerordentlich viel genauere Unterlage gegeben. Hat man es zudem wie wir, nur mit dem Berner Jura zu tun, so ist wohl für diese Bestimmung statt der Portlandstufe (die ja fast überall hoch über dem jetzigen Scheitel der Gewölbe zu denken ist) die Grenze zwischen Dogger und Malm geeigneter. Sie schneidet recht oft die Oberfläche, so daß die Höhenlage an diesen Stellen unmittelbar aus der Karte abzulesen ist. Für Zwischenpunkte auf den Gewölbeachsen, wo die Grenze ja auch nur verhältnismäßig wenig über oder unter der heutigen Oberfläche liegt, läßt sich die Höhe aus der ziemlich genau bekannten Mächtigkeit der einzelnen geologischen Stufen in guter Annäherung bestimmen. So hat Kemmerling die Höhenlage des obersten Doggers in den von ihm untersuchten Abschnitt der Velleratkette und der Münsterberg-Raimeuxkette bestimmt und gibt 11 Zahlen für die erste, 12 für die letztgenannte Kette.[2]) Darnach liegen die Birs- und Sorneklusen auf oder nahe bei Höhenminima. Ich habe nun nach Rolliers Karten nicht nur für dieselben Kettenabschnitte die Höhe der Doggeroberkante noch einmal bestimmt (kleinere Abweichungen von Kemmerlings Ergebnissen tun nichts zur Sache), sondern die Untersuchung auch weiter nach Westen und Osten ausgedehnt und dazu auch die Moron-Graiterykette hinzugefügt. Auf der Übersichtskarte des oberen Birsgebietes in 1 : 250000 auf Tafel 21 sind die untersuchten Punkte angegeben. Die darunter

[1]) de Martonne, Traité de géogr. phys. Paris 1909 S. 493.

[2]) a. a. O. S. 38.

befindlichen Zeichnungen geben in Schnitten längs der Gewölbeachsen die Lage der Doggeroberkante an (wobei die Schnitte allerdings zwecks Vergleichs mit der Karte auf eine Westostlinie projiziert sind).

Am deutlichsten zeigt die mittlere, die Raimeuxkette, daß die Klusen mit den Depressionen des Gewölbes zusammenfallen. Ganz im Osten mag die Doggeroberkante an 1200 m hoch liegen, in der Klus von Envelier ist sie auf knapp 900 m gefallen, steigt im Raimeux wieder auf 1150, liegt in der Klus von Roche bei 750, steigt im Münsterberg jedenfalls bis über 1250, ist in der Sorneklus sicherlich wieder auf etwa 700 m gesunken (da im Klusgrunde bei 560 m nach Rolliers Karte noch nicht der Hauptrogenstein durchgenagt ist) und steigt dann wieder auf etwa 1000 m. Ja auch der vierten, bis auf etwa 830 m hinuntergehenden Senke entspricht ein Bachgrund. Nur ist es hier nicht zur Bildung einer engen Klus gekommen, da südlich dahinter eine Tertiärmulde fehlt, wir vielmehr hier, so weit im Westen, schon auf der Kalkhochfläche der Franches Montagnes angelangt sind.

Auch in der Graiterykette entspricht die Klus von Gänsbrunnen genau einem Minimum (etwa 800 m zwischen mehr als 1200 im Osten und über 1100 im Westen). Die Klus von Court liegt an einer Stelle, wo im Zusammenhang mit der Auswechselung von Graitery- und Morongewölbe die Achsen beider recht niedrig liegen. Zwar hat die Birs hier nicht die niedrigste Verbindung der Muldentäler über den Sattel von Champoz gewählt, doch ist zu beachten, daß der Doggergewölbescheitel des Graitery bis zur Klus schon um volle 600 m gesunken ist, von etwa 1140 auf etwa 620 m. Im Moron steigt der Dogger bis auf etwa 1340 m wieder auf, und weiter westlich fällt dann der Bergrücken zu einem nur 942 m hohem Paß ab, in dem der Doggerfirst bei etwa 600 m anzunehmen ist. An der Oberfläche liegt hier der durchlässige Kalk des Portland und darunter Kimmeridge, und die dahinter fast in der Höhe des Passes liegende kleine vermoorte Tertiärmulde von Bellelay wird unterirdisch entwässert.

Was schließlich die Velleratkette betrifft, so gilt ähnliches wie von der Klus von Court auch von der Klus von Choindez. Sie liegt gleicherweise zwar nicht in einem Wendepunkt unserer Kurve, doch ist das weiter im Westen wohl an 1150 m hoch liegende Doggergewölbe schon bis auf etwa 700 m abgesunken. Der Sorneklus von Undervelier entspricht eine allerdings ziemlich seichte aber doch ganz deutliche Einsenkung (um rund 200 m). Ganz im Westen wird die Kette in schräger Richtung durch das Tal des Tabeillon-Rivière gekreuzt. Auch ihm entspricht eine Einsenkung der Gewölbeachse um etwa 100 m.

Von der hiernach durch neun Fälle belegten Regel, daß die Quertäler zu zweifellos festgestellten Depressionen der Gewölbeachsen in Beziehung stehen, macht, wie Taf. 21 zeigt, nur die Tiergartenklus der Gabiare eine Ausnahme. Doch wiegt diese Ausnahme deshalb nicht schwer, weil im ganzen östlichen, auch orographisch so niedrigen Teil der Velleratkette der Dogger in tiefem Niveau liegt. Trotzdem in der Tiergartenklus keine Gewölbesenkung vorhanden zu sein scheint, liegt daher hier doch der Dogger niedriger als in jeder der anderen Klusen (nicht über 500 m). Die niedrigste Stelle des Doggergewölbes liegt 3 km weiter westlich. Hier führt eine Schlucht durch die Kette nach Rebeuvelier hinauf; doch findet sich nur im nördlichen Teil an der Oberfläche fließendes Wasser. Von besonderem Interesse ist schließlich eine ganz trockene Kerbe im westlichen Teil der Velleratkette (rechts auf Abb. 25), la Chenal, in der der Dogger etwa bei 630 m und damit niedriger als in der benachbarten Sorneklus liegt.

Außerhalb der drei untersuchten Ketten ist auf unserer Kartenskizze noch ein Klus vorhanden, die Klus von Soyhières, in der die Birs durch die Rangierskette aus dem Delsberger Becken hinausgelangt. Auch sie schließt sich der Regel an, denn auch hier ist eine beträchtliche Gewölbedepression festzustellen.

Die deutliche Beziehung der Durchbruchstäler zu den Höhenminima der Gewölbeachsen scheint folgendermaßen erklärlich zu sein: Als nach Ablagerung der Meeres- und Süßwasserbildungen des Miozäns die Faltung langsam einsetzte, befand sich jedenfalls in unserem Gebiet ein sehr wenig modelliertes Flachland. Den neu entstehenden orographischen Verhältnissen entsprechend, bildete sich nun auf dem ziemlich undurchlässigen Tertiärboden ein System von Entwässerungsadern aus. Das Wasser sammelte sich in Bächen, die in den langen zunächst noch ganz flachen Synklinalen dahinflossen, und gelangte von einer Mulde zur anderen durch Senken, die sich noch zwischen den länglichen sich allmählich erhebenden Buckeln fanden. Es ist nun ganz natürlich und sehr wahrscheinlich, daß an den Stellen, wo die Aufwölbung zuerst am stärksten war, auch späterhin die zusammenschiebende Kraft den geringsten Widerstand fand, und daß daher die heute zu beobachtenden Senken in den Gewölbeachsen im wesentlichen noch immer an der Stelle jener ersten Depressionen liegen. Als sich nun aber die Gewölbe weiter hoben, kamen auch ihre niedrigsten Stellen viel höher zu liegen als die Mulden, und nachdem zunächst die Tertiärdecke der Antiklinalen durchschnitten war, mußten die Flüsse allmählich in den aufsteigenden Jurakalk hineinsägen.

Auch die Besonderheiten in der Klusenlage, die wir bei den Klusen von Court, Münster und Choindez gefunden haben, scheinen mir nun ihre Erklärung zu finden. Was die Klus von Court betrifft, so können wir uns vorstellen, daß zunächst der mittlere Teil des Moron und des Graitery sich merklich aufwölbte, und daß sie eine breite querlaufende Synklinale zwischen sich ließen, in dem die Birs vom Tal von Court in das von Münster floß. Erst bei weiterer Faltung stiegen auch die heutigen Enden der Gewölbe aus der Tiefe und überschnitten sich gegenseitig. Die Birs nagte nun das unter ihr aufsteigende Ende des Graiterygewölbes durch. Zwischen Münster und Delsberg durchschnitt die Birs die beiderseits sich hochaufwölbende Raimeuxantiklinale an der Stelle ihrer tiefsten Depression. Die sich von Osten und Westen davorlegenden absteigenden Gewölbe der Basses Montagnes de Moutier und der Velleratkette werden nicht umgangen sondern durchgenagt, weil sie erst nachträglich über die Quermulde hinübergewachsen sind. Anders ist es, wenn die Kette eine Depression zwischen zwei hohen Aufwölbungen besetzt! Es ist sehr bemerkenswert, wie genau dann die Klus an das Höhenminimum gebunden ist.

Gewiß ist nicht in jedem Quertal die Wasserführung bestehen geblieben sondern nur dort, wo ein genügender Zufluß aus der Tertiärmulde andauerte. Wo der Zufluß zur Klus aber versiegte, indem das Wasser anderen, tieferen Stellen der Mulde zustrebte, da wurde die Senke zum trockenen Paß. Ich glaube, daß es in der Velleratkette so dem Passe la Chenal und der nach Rebeuvelier hinaufführenden Schlucht gegangen ist. Dafür spricht, daß in ihnen, trotzdem hier doch Gewölbedepressionen vorhanden sind, die Abtragung mehr gewirkt hat als rechts und links, was sich in der Bloßlegung älterer Horizonte zeigt. Der bequemste niedrige Durchgang wird also nicht benutzt, wenn die Struktur der Mulde nicht mehr auf ihn hinweist. So fällt besonderes Licht auf den Umstand, daß die noch heute durchflossenen Durchbruchstäler im allgemeinen auch an tektonisch besondere niedrige Stellen der Synklinalen anknüpfen. Das ist z. B. besonders auffällig beim Becken von Münster, sowie bei den von der Sorne entwässerten Mulden von Sornetan und Undervelier.

Wenn nun die hier erörterte Theorie im Gegensatz zur Regressionshypothese sagt, die Querflüsse waren da, ehe die hohen Ketten entstanden waren, so sieht man doch, daß es sich eigentlich nicht mehr um die alte Antecedenzhypothese handelt. Es ist eine neuere

Anschauung, die sagt: Nicht wirklich antezedent und unabhängig von den Ketten haben diese Flußstücke bestanden, aber mit der ersten Anlage der Synklinalen sind mit den Muldenflüssen zugleich auch die sie entwässernden Querflußstücke in den entstehenden quergerichteten Depressionen entstanden.[1]) Zu dieser Anschauung haben de la Noë und de Margerie insbesondere für den Jura den Grund gelegt. Rollier, der beste Kenner unseres Gebietes, hat sich zwar, soweit ich sehe, nicht sehr eingehend darüber ausgesprochen, aber man sieht doch, daß er schon vor 1893 ähnliche Anschauungen gewonnen hat, da er schon damals sagt:[2]) „Les cluses ont reçu leur ébauche en même temps que les voussures; autrement rien ne pourrait expliquer leur position en des points intermédiaires entre les sommets des voussures et les noeuds confluents." Noeuds confluents sind die Vereinigungspunkte der Ketten, d. h. die Punkte, wo sie dicht zusammentreten, die Muldentäler eng sind und hoch liegen, ihre Talwasserscheiden haben. So drückt Rollier etwas anders die oben auseinandergesetzten Bedingungen für persistente Klusbildung aus: Einmal ist tiefe Lage der Gewölbeachse erforderlich, zweitens aber ist eine nicht zu hohe Lage der entwässerten Synklinale an der Klus Bedingung. Zu einer neuen, allgemein auf die Durchbruchstäler der Faltengebirge anzuwendenden Theorie hat insbesondere Lugeon[3]) diese Gedanken ausgebaut: Die Durchbruchstäler, wie wir sie überall in Faltengebirgen finden, schließen sich an transversale Synklinalen an.

Manche Änderung im Entwässerungsystem des Jura hat sich gewiß seit dem Beginn seiner Auffaltung ereignet, einmal infolge der Bodenbewegungen, andererseits infolge der Entfernung undurchlässiger Schichten, auch infolge des Einflusses der Eiszeit.[4]) Auch Anzapfungen durch rückschreitende Erosion sind unter günstigen Umständen nicht ausgeschlossen. Ja man könnte versucht sein, das Gebundensein der Klusen an die Gewölbesenkungen für die Regressionstheorie aus-

[1]) Also weder antezedent noch subsequent, sondern in der Anlage zunächst ebenso „konsequent" wie die Muldenflüsse.

[2]) 1. Suppl. S. 248.

[3]) Lugeon, M., Recherches sur l'origine des vallées des Alpes occidentales, Ann. de géogr., Bd. X, 1910.

[4]) So hat z. B. das Flußsystem der Birs einmal bedeutend weiter nach SW gereicht; denn vor der letzten Vereisung des Gebiets ist ein Fluß aus dem St. Immertal, das jetzt durch die Suze nach Süden zur Aare entwässert wird, nach Norden durch die heute tote Klus von Pierre Pertuis bei Tavannes der oberen Birs zugeströmt (Rollier, 1. Suppl. S. 160 und Nouvelles études sur les terrains tertiaires et quaternaires du Haut-Jura, Actes de la Soc. jurassienne d'émulation 1910—11).

zunutzen. Denn es ist plausibel, daß das Wasser sich in diesen tektonischen Senken von rechts und links auf undurchlässigen Horizonten sammelt und daher hier die Erosion ober- und unterirdisch ganz besonders wirksam ist. Aber ein Durchgreifen bis zur jenseits liegenden Talsohle, durch die zur Mulde hin einfallenden steil aufgerichteten mächtigen Kalke des Malm und dann bis zur Muldenmitte, ohne sehr bedeutende Niveaudifferenz scheint mir mit Rücksicht auf die im übrigen so jugendlichen Formen des Gebirges doch recht schwer erklärlich. Selbst für die Klus von Gänsbrunnen, für die rückschreitende Erosion mehrfach als Ursache in Anspruch genommen worden ist, halte ich die Hypothese für recht unwahrscheinlich. Für andere Klusen, wie für die Birsklusen zwischen Münster und Delsberg ist sie aber absolut ausgeschlossen. Das Natürliche ist aber nun, nicht für jede Klus nach einer besonderen Ursache zu suchen. Dazu zeigen sie doch zu viel Familienähnlichkeit. Klusen sind auch überall verbreitet im Faltengebirge. Für eine so charakteristische Eigenschaft der Faltengebirge brauchen wir eine allgemeingültige Hypothese. Es scheint, daß die im vorhergehenden näher entwickelte Anschauung, die Supan die „tektonische" Theorie genannt hat, einen Weg zur richtigen Deutung der Durchbruchstäler öffnet.

Phot. v. P. Schlee.

Abb. 1. Aaretal und Montoz-Weißensteinkette von Büren gesehen.

Phot. v. P. Schlee.

Abb. 2. Tal von Tavannes und Klus von Court von le Buement gesehen.

Phot. v. P. Schlee.

Abb. 3. Längstal von Tavannes gegen die Talwasserscheide von Binz gesehen.

Phot. v. P. Schlee.

Abb. 4. Blick von der Talwasserscheide von Binz gegen Osten.

Phot. v. P. Schlee.

Abb. 5. Südeingang der Klus von Court.

Phot. v. P. Schlee.

Abb. 6. Nordausgang der Klus von Court.

Phot. v. P. Schlee

Abb. 7. Längstal und Klus von Münster von Höhe 1037 über der Klus von Court gesehen.

Phot. v. P. Schlee.

Abb. 8. Südeingang der Klus von Münster.

Phot. v. P. Schlee.

Abb. 9. Blick von Höhe 831 auf das Gewölbe der Klus von Münster und auf den Raimeux.

Phot. v. P. Schlee.

Abb. 10. Rückblick von Höhe 966 über die Klus von Münster auf die Klus von Court.

Phot. v. P. Schlee.

Abb. 11. Blick von Höhe 966 in die Klus von Münster und die Synklinale der Combe du Pont.

Phot. v. P. Schlee.

Abb. 12. Combe du Pont und ausgeräumte Antiklinale des Münsterberges.
(Der Standpunkt ist etwas südlicher als bei Abb. 11.)

Phot. v. P. Schlee.

Abb. 13. Synklinale der Combe du Pont, aus dem Birstal gegen Osten gesehen.

Phot. v. P. Schlee

Abb. 14. Rückblick vom Münsterberg auf die Combe du Pont
und das Gewölbe der Klus von Münster.

Phot. v. P. Schlee.

Abb. 15. Raimeux vom Münsterberg (Roche es Corbets, 966 m) gesehen.

Phot. v. P. Schlee.

Abb. 16. Nördlichstes Doggergewölbe des Raimeux.

Phot. v. P. Schlee.

Abb. 17. Rückblick vom Malm-Nordschenkel des Raimeux auf die ausgeräumte Antiklinale des Münsterberges.

Phot. v. P. Schlee.

Abb. 18. Blick vom Raimeux gegen Nordwesten auf die Velleratkette und das Becken von Delsberg.

Phot. v. P. Schlee.

Abb. 19. Velleratkette, vom Gehöft Mont dessous gegen Osten gesehen.

Phot. v. P. Schlee.

Abb. 20. Gewölbe von Choindez in der Velleratkette, vom Oxford unter Höhe 1033 gesehen.

Phot. v. P. Schlee.

Abb. 21. Wandverwitterung im Kalk (Rauracien) an Höhe 1033 der Velleratkette.

Phot. v. P. Schlee.

Abb. 22. Große Nische im Kalk an Höhe 1033 (oben links auf Abb. 21).

Phot. v. P. Schlee.

Abb. 23. Blick von Vellerat auf das Gewölbe von Choindez und (rechts) die Synklinale zwischen Velleratkette und Raimeux.

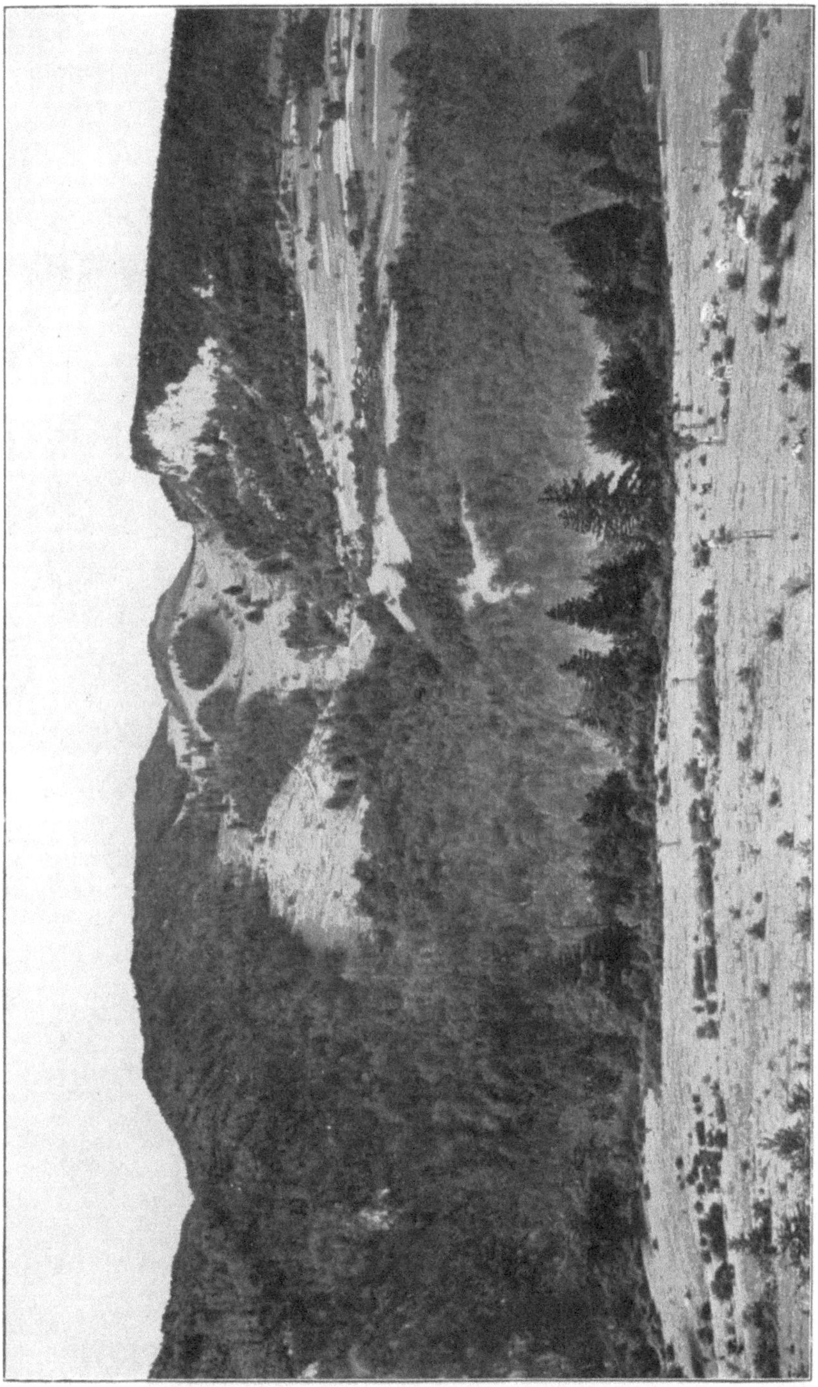

Phot. v. P. Schlee.

Abb. 24. Blick vom Gewölbe von Choindez gegen Westen auf die Velleratkette.

Phot. v. P. Schlee.

Abb. 25. Delsberger Becken und Nordhang der Velleratkette.

Phot. v. P. Schlee.

Abb. 26. Becken von Delsberg mit dem wurzellosen Malmkalk des Mont Chaibeux.

Phot. v. P. Schlee.

Abb. 27. Flankental von le Coulon auf der Südseite des Münsterberges.

Abb. 28. Velleratkette. Geschlossenes Malmgewölbe von Choindez. (Vgl. Abb. 20 u. 23.)

Abb. 29. Velleratkette. Zerstörtes Malmgewölbe, geschlossenes Doggergewölbe, zwei Oxford-Isoklinaltälchen. (Vgl. Abb. 24.)

Abb. 30. Münsterberg. Zerstörtes Doggergewölbe, Ausräumung des Lias. Antiklinaltal. (Vgl. Abb. 17.)

Abb. 31. Raimeux. (Vgl. Abb. 15.)

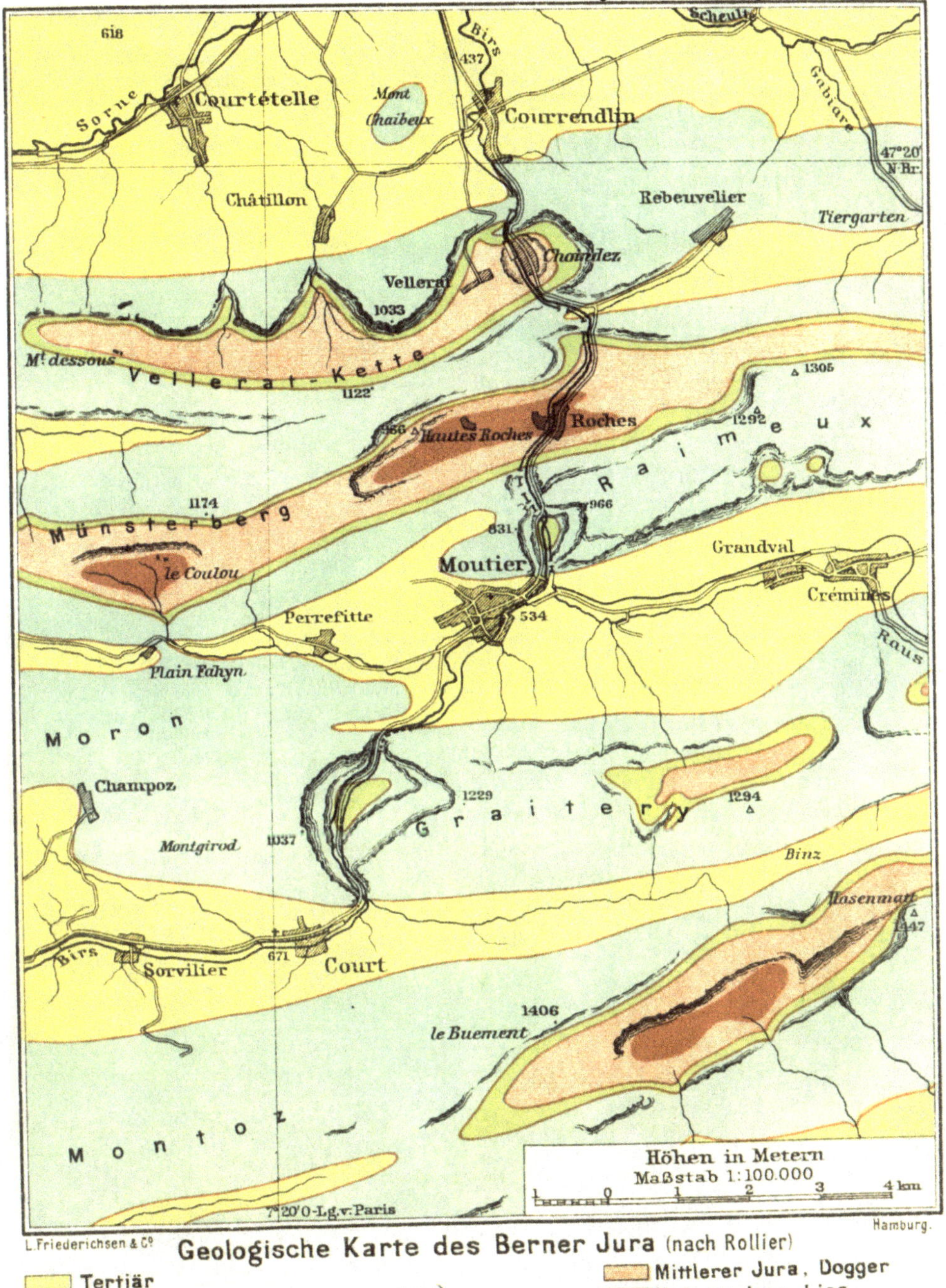

L. Friederichsen & Co. Hamburg.

Geologische Karte des Berner Jura (nach Rollier)

- Tertiär
- Oberer u. mittlerer Malm (meist Kalk) } Oberer Jura, Malm
- Mergel des unteren Malm (Oxford, in der Montoz-Kette Oxford und Argovien) } Oberer Jura, Malm
- Mittlerer Jura, Dogger
- Unterer Jura, Lias (nebst etwas Keuper bei Roches)

Die Bedeckung mit Quartär ist fortgelassen.

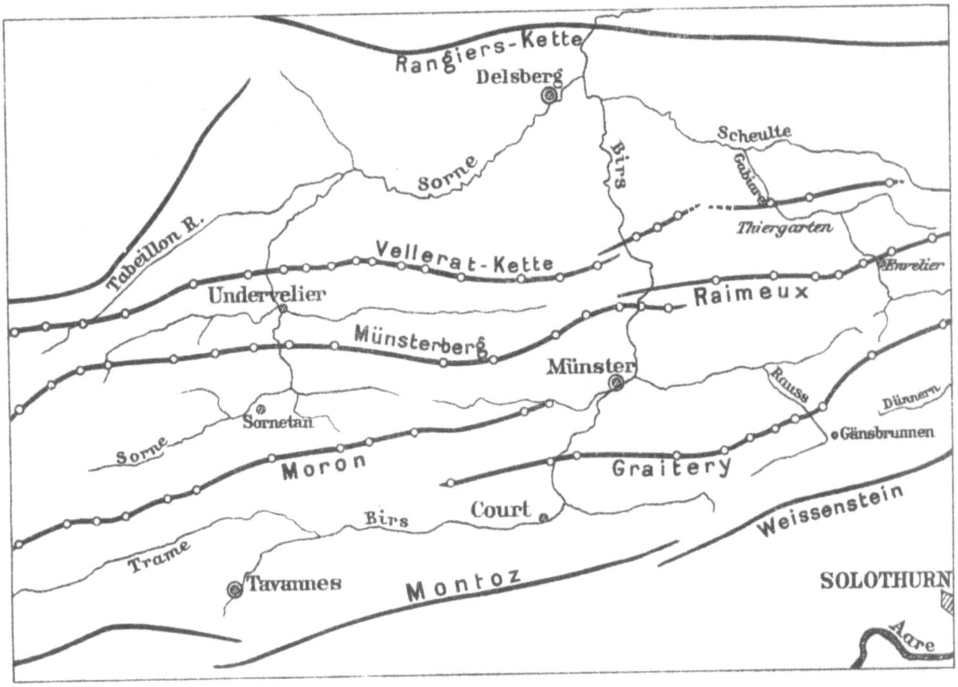

Flussgebiet der oberen Birs im Berner Jura

1:250 000.

Die Kreise auf den Ketten geben die Punkte an, an denen die Höhenlage der Doggeroberkante bestimmt ist.

(vergl. untenstehende Profile.)

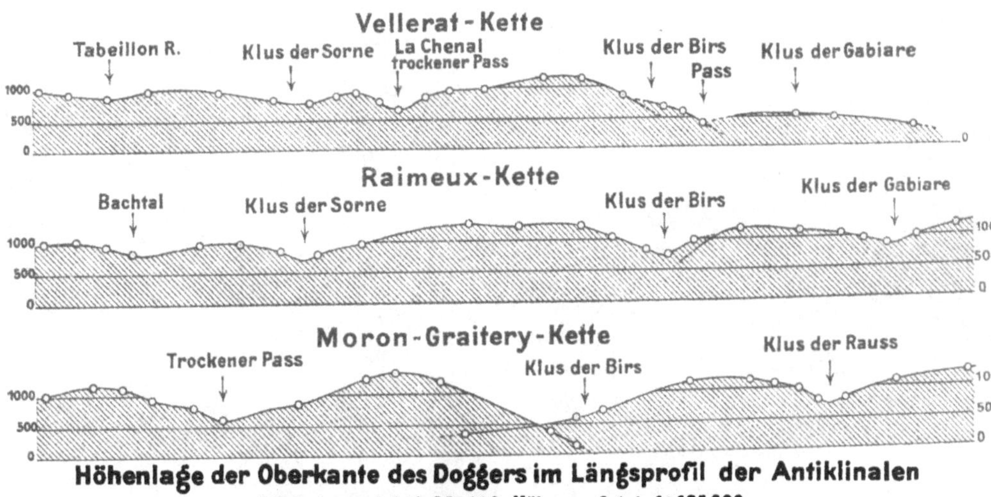

Höhenlage der Oberkante des Doggers im Längsprofil der Antiklinalen

Längenmaßstab 1:250000. Höhenmaßstab 1:125000.
(demnach zweifache Überhöhung)

Orographische Karte eines Teils des Berner Jura

1 : 100 000

(Photographisch hergestellter Ausschnitt der Dufour-Karte)

Die mit Zahlen versehenen Kreise geben die Standpunkte bei den Aufnahmen an und weisen auf die Nummern der Abbildungen hin.

MIX
Papier | Fördert gute Waldnutzung
FSC® C083411

Zeitfracht Medien GmbH
Ferdinand-Jühlke-Straße 7
99095 Erfurt, Deutschland
produktsicherheit@kolibri360.de